VUES

POLITIQUES ET PRATIQUES

SUR LES

TRAVAUX PUBLICS

DE FRANCE.

VUES

POLITIQUES ET PRATIQUES

SUR LES

TRAVAUX PUBLICS

DE FRANCE,

PAR

LAMÉ ET CLAPEYRON,

INGÉNIEURS DES MINES,

ET

STÉPHANE ET EUGÈNE FLACHAT,

INGÉNIEURS CIVILS.

PARIS.

IMPRIMERIE D'ÉVERAT,

RUE DU CADRAN, N° 16.

—

SEPTEMBRE 1832.

TABLE DES MATIÈRES.

— —

NOTES.

AVANT-PROPOS.

S'il existait un tribunal où toute grande entreprise de commerce, d'industrie, de travaux publics pût être impartialement et sainement jugée, qui pût mettre les capitalistes à l'abri du charlatanisme des spéculateurs, et toute la société à l'abri des illusions ou des fautes de l'intérêt privé en matière de questions d'intérêt général, nul doute que ce ne fût là une grande et utile institution.

Cette institution, ce tribunal ne peuvent être fondés aussi puissamment, aussi largement qu'il serait nécessaire pour qu'ils pussent remplir leur mission, que par le gouvernement, s'appuyant du concours de toute la société.

Mais le moyen d'obtenir cette institution nouvelle, ce n'est pas tant de la proposer incessamment, ni même de s'en faire une arme d'opposition, que de l'essayer.

Tel est le but que nous nous proposons.

Forts surtout de notre bonne foi, et d'un ardent désir de gloire et de prospérité pour le pays, nous nous associons pour étudier ensemble, et avec tous ceux aussi qui voudront coopérer à notre œuvre, toute question importante en matière de commerce, d'industrie, de finances et de travaux publics ; nous nous associons pour donner notre opinion sur ces questions ; ne nous dissimulant pas d'ailleurs toute la difficulté de la tâche que nous entreprenons, puisque ces questions deviennent aujourd'hui les véritables questions politiques.

Quand on verra ressortir quelque bien de l'essai que nous faisons (et il est impossible que quelque bien n'en résulte pas malgré la faiblesse de nos ressources), on comprendra ce que l'on en pourrait obtenir si le pays tout entier y prenait part et intérêt, et l'on entrera enfin dans la route féconde de l'organisation du travail ; notre but alors sera rempli.

Notre association s'occupera plus spécialement d'ailleurs de travaux publics, soit parce que nous y sommes conduits par toutes nos études antécédentes, soit parce que nous pensons que c'est par un grand développement de travaux publics que l'on pourrait porter un premier et puissant remède à la misère de l'ouvrier, aux faillites du fabricant, et qu'il n'est pas aujourd'hui de fait politique digne d'une plus sérieuse méditation que la misère et la faillite en présence l'une de l'autre dans les ateliers.

C'est par ce motif que notre première publication nous a paru devoir être consacrée aux travaux publics. C'est ce qui va mieux ressortir d'ailleurs des considérations préliminaires que nous allons exposer.

Ce qu'il y a de capital aujourd'hui dans l'administration ou la direction des travaux publics de France, c'est l'Administration des ponts-et-chaussées et la mise en adjudication, avec concurrence et publicité, de tout travail public.

L'Administration des ponts-et-chaussées est loin d'être méconnue pour nous, comme elle l'est généralement par le public. Ce n'a pas pu être en vain que l'école polytechnique a fourni, depuis vingt ans, ses premiers élèves à ce corps. Ces hommes, parmi lesquels il s'en trouve un grand nombre d'une si haute distinction, ont amorti ou empêché bien des fautes de la part de ceux qui étaient à la tête de leur administration, et ont rendu patiemment, obscurément, des services sans nombre dont le pays leur doit une grande reconnaissance.

Aujourd'hui cette administration est enfin confiée à un homme habile, voulant sincèrement le bien, et qui, ingénieur lui-même, a sur ses prédécesseurs l'avantage immense de pouvoir décider, en connaissance de cause, sur des matières qui ne lui sont pas étrangères.

Mais les attributions du Directeur des ponts-et-chaussées sont resserrées dans d'étroites limites que les limites plus étroites encore de son budget ne lui permettent pas de dépasser.

A peine avec ce budget peut-il entretenir et conserver ce qui existe. Des fonds pour l'exécution ou même l'étude de grands travaux nouveaux ne lui sont pas alloués, et il lui serait

difficile d'en faire la demande, obligé déjà,
comme il l'est, de lutter chaque année pour la
conservation du corps qu'il dirige ; puis, pour
obtenir les fonds nécessaires à la continuation
des canaux entrepris en vertu des lois de 1821
et 1822, et qu'il faut bien achever, car l'Etat est
engagé.

Les dispositions du public sont telles d'ailleurs,
qu'à l'exception des routes et des canaux ci-dessus mentionnés, l'Etat ne peut plus songer à rien
entreprendre avec le Corps des ponts-et-chaussées. C'est aujourd'hui un des préceptes les plus
accrédités du formulaire constitutionnel, que
l'Etat est le pire des constructeurs : ce précepte
n'est pas juste, nous le démontrerons ; toutefois
il faut bien reconnaître que l'Administration des
ponts-et-chaussées est loin d'être exempte de
vices graves ; seulement nous ne les croyons pas
irrémédiables.

Ces préventions que nous venons de signaler
nous paraissent donc devoir renfermer pour long-
temps encore l'administration des ponts-et-chaussées dans le cercle de ses attributions. Ces attributions consistent notamment dans l'entretien et
l'établissement des routes royales et départemen-
tales, dans l'achèvement des canaux de 1821 et
1822, dans l'examen de tous les projets de travaux publics présentés par les compagnies, mais
en bornant cet examen au point de vue de l'art.

L'Administration des ponts-et-chaussées doit
s'interdire formellement, en effet, tout examen

d'une autre nature. Pour elle et pour le Conseil des ponts-et-chaussées, un projet doit rester chose toute théorique et scientifique; c'est un plan qu'il faut juger en lui-même et abstraitement; le devis même ne doit pas être l'objet des délibérations du conseil, qui n'examine et ne donne d'avis que sur la question de savoir si les ouvrages proposés ne sont pas contraires à l'art, et s'ils ne nuisent pas à quelque service public.

Et qu'on ne croie pas que c'est ici de notre part un reproche contre l'Administration ou le Conseil des ponts-et-chaussées; en agissant ainsi, ils se maintiennent dans la limite de leurs attributions; et comment pourraient-ils songer à les étendre?

S'ils donnaient leur avis sur le devis d'une entreprise dont l'exécution n'est pas dans leurs mains, puisqu'elle doit être adjugée à des compagnies, ils savent bien que les spéculateurs, qui vivent et agiotent sur les projets colportés par eux aux capitalistes, ne manqueraient pas de s'appuyer sur les devis fixés par l'administration; elle deviendrait ainsi moralement responsable de toutes les fautes d'exécution vis-à-vis des actionnaires, masse d'hommes de peu de lumières en général, et qui, après avoir marché sur la foi de chiffres fixés par le gouvernement, ne manqueraient pas de s'en prendre à lui si les chiffres étaient dépassés.

Quant à donner un avis sur l'utilité de l'entreprise comme spéculation particulière, remarquons d'abord que l'Administration des ponts-et-chaussées est dépourvue de tout moyen efficace et solide pour y parvenir. Les enquêtes qu'elle établit ne peuvent lui apporter que des faits sans valeur et sans portée ; elle n'a pas de fonctionnaires chargés de recueillir tous les faits statistiques propres à jeter la lumière sur de si importantes questions ; vis-à-vis du public, elle paraît sans documens, sans matériaux sur la circulation des hommes et des marchandises, elle qui préside à l'entretien et à la confection des voies de circulation ; et, répétons-le encore, la nature de ses attributions ne lui permettrait pas de faire usage de ces documens ; car si c'était pour donner son approbation à un projet, elle s'exposerait à des inconvéniens semblables à ceux que nous avons signalés pour la fixation du devis, et si c'était pour l'improuver, on ne manquerait pas de lui dire qu'elle s'est prononcée sur des matières qui doivent lui demeurer étrangères ; que ce n'est pas à elle, mais à l'intérêt privé, de décider si l'entreprise est bonne, et s'il en veut courir la chance ; et en tous cas, elle encourrait la responsabilité morale de son opinion. Ce lui doit être assez, sans doute, de celle qui déjà pèse sur elle.

Il existe en ce moment deux projets qui ont épuisé toutes les formalités accumulées sur toute entreprise par le génie administratif et législatif de l'époque. Etudes par les ingénieurs, délibérations de commissions des Ponts-et-Chaussées et du Génie militaire, avis du Conseil général des Ponts-et-Chaussées, procès soutenu et gagné devant le Conseil d'état, rapport du Directeur-général au Ministre, projet de loi et tarif soumis par celui-ci aux Chambres et adopté par elles; rien n'y manque. Le canal de l'Essone et le canal des Pyrénées sont à cet égard au grand complet, et cependant on n'exécute ni le canal des Pyrénées, ni le canal de l'Essone.

Nous pourrions rappeler aussi l'affaire des eaux de Paris, examinée pendant plus d'un an au Conseil des Ponts-et-Chaussées, discutée plus long-temps encore aux bureaux de la ville, mise en adjudication et délaissée par les capitalistes.

Et le canal de Dieppe à Paris encore! Plans préparés par l'administration, enquêtes volumineuses, avis de municipalités, devis estimatifs fixés cette fois, si nous ne nous trompons, par le Conseil lui-même, et cependant pas d'adjudicataire.

C'est donc chose convenue que l'intervention de l'Etat, des Chambres, de l'Administration des Ponts-et-Chaussées, avec le luxe de discussions et de formalités dont toute affaire de travaux publics s'y surcharge, sont sans importance auprès du public, ne font pas sa conviction, et ne constituent pas les élémens essentiels de succès d'une entreprise.

Et on s'accommode de cet état de choses comme du plus convenable et du mieux entendu dans les intérêts du pays. Il semble que cela se présente à l'esprit comme une division toute naturelle de travail ; en sorte que lorsqu'une loi est rendue sur une entreprise de travaux publics, il semble voir députés, ministres, ingénieurs, se dire avec satisfaction : Voilà une affaire finie pour nous ; nous avons fait notre devoir ; c'est maintenant au Concessionnaire à faire le sien.

Or le devoir du Concessionnaire, ce n'est rien moins que de démontrer que l'entreprise est bonne ; et cependant il semble que la société pense que c'est là la chose la moins importante, puisqu'elle laisse ce Concessionnaire livré à ses propres forces, à ses seules ressources, sans appui dans les institutions, sans concours de l'autorité ; il est seul, n'ayant que son intérêt pour guide entre ses désirs, ses illusions, ses besoins et la vérité : mais la société et l'état se rassurent, car son projet sera jugé, dit-on, par le bon sens public, et, s'il est avantageux, les profits qu'il en peut espérer seront réduits à des limites convenables par la mise en adjudication.

Le bon sens public, c'est sans doute une belle et grande chose et nul n'a plus foi que nous à ce sens intime, à cet instinct divin qui conduit les nations dans la route que la Providence a tracée à chacun de ces grands membres de la famille humaine.

Mais à la manière dont les travaux publics sont proposés, examinés, discutés, concessionnés, exécutés, il est éclatant que le bon sens public n'y peut pas jouer le rôle qu'on lui attribue, et que c'est là encore une de ces fictions légales et administratives dont il a fallu bercer l'enfance du régime constitutionnel.

Car ce serait singulièrement faire tort au bon sens public que d'attribuer à son intervention, soit l'exécution de certains travaux publics si inutiles et si coûteux, soit le rejet de plusieurs projets dont l'utilité eût été grande.

Renvoyons ces niaiseries politiques aux tems de mensonge et de comédie où elles sont nées, et où elles étaient nécessaires ; aujourd'hui la question des travaux publics, comme toute question sociale, a besoin que toute vérité y soit dite ; or, sur la partie de la question de travaux publics qui nous occupe, voici la vérité :

Les projets de travaux publics sont, de la part de ceux qui les conçoivent vis-à-vis des capitalistes, et de la part des capitalistes vis-à-vis du public, l'objet d'un scandaleux agiotage, où il se déploie autant de fraude et de ruse que dans les plus hardis jeux de bourse.

Pour l'auteur du projet, l'objet important est de s'assurer sa part industrielle, afin de l'escompter le plus habilement possible, puis de démontrer aux banquiers, non pas que l'affaire est bonne, mais qu'il est possible de la faire paraître bonne ; car pour les banquiers aussi, la véritable question n'est pas dans l'utilité et la bonté de l'affaire, mais dans la possibilité d'en écouler les actions ; on appelle cela répartir les risques, les rendre insensibles en les faisant partager au plus grand nombre possible.

Des parts industrielles et des commissions ; c'est à la marge que présente sous ce point de vue une entreprise de travaux publics que la mesure le *bon sens financier;* c'est par là qu'elle s'exécute, et l'on dit que le *bon sens public* l'a acceptée, quand tout le capital en est répandu dans une masse d'actionnaires tous parfaitement étrangers à l'entreprise, y participant sur la foi des maisons de banque qui la présentent, et ne s'inquiétant même pas si ces maisons y ont conservé un intérêt égal à celui du plus faible d'entre eux.

L'on suppose que la mise en adjudication, si elle ne les empêche pas complétement, réduit au moins de beaucoup ces bénéfices illicites, et nous croyons, nous, que la mise en adjudication est une des causes principales de l'immoralité qui préside à la conception et à la proposition des travaux publics.

Car la mise en adjudication a éloigné de cette nature d'entreprises beaucoup d'hommes d'honneur et de talent qui n'ont pas pu et n'ont pas voulu consumer leur tems à étudier un projet, et à le mettre en lumière pour se le voir enlever à l'adjudication par quelque hardi spéculateur qui de l'affaire n'aurait su qu'une chose : c'est qu'elle devait être bonne, puisqu'elle était présentée et désirée par des hommes habiles et expérimentés.

Pour juger une entreprise de travaux publics, pour en calculer les chances, les produits présumables, les dépenses probables, il faut beaucoup de tems, de frais, d'études, une infinité de documens habilement et franchement discutés, comparés, médités. Est-ce que la mise en adjudication fournit ces documens, élargit et mûrit ces études, détermine les dépenses, évalue les produits? Loin de là; elle permet à tout spéculateur de se présenter pour enlever une entreprise tout élaborée, toute préparée, portée à grande peine par d'autres devant l'Administration, les Chambres, le public; la mise en adjudication n'est rien moins qu'une loterie ouverte sur les conceptions et le travail d'autrui.

Existe-t-il un seul travail public pour lequel il se soit établi une discussion réelle, solide, entre hommes compétens, apportant sur ce travail le fruit de travaux et de recherches diverses, et les soumettant à une discussion publique?

Aux diverses adjudications qui ont déjà été ouvertes, les concurrens des ingénieurs qui avaient conçu le projet ont-ils été des ingénieurs ou des capitalistes?

Les faits et le plus simple raisonnement répondent si victorieusement à ces questions, que nous nous croyons complétement dispensés de donner pour le moment plus d'étendue à cette discussion; au reste, l'expérience de l'Angleterre achevera de corroborer notre opinion sur l'inutilité, l'impuissance et l'immoralité de la concurrence absolue en matière de travaux publics : jamais l'Angleterre n'a mis en adjudication la concession de ses travaux publics.

Les institutions qui nous régissent sont donc très-incomplètes à cet égard ; il est évident que l'Administration des ponts-et-chaussées ne peut imprimer à nos travaux publics le développement dont le pays a un si urgent besoin, et la mise en adjudication paralyse plus encore ce développement.

C'est pourquoi l'un des buts principaux de notre association sera de servir d'auxiliaire à l'Administration des ponts-et-chaussées, et de faire vis-à-vis du public et dans l'intérêt d'une bonne direction de nos travaux publics, ce que ses attributions ne lui permettent pas de faire.

Et en même temps nous nous déclarons les antagonistes de la mise en adjudication, et nous ferons les efforts les plus assidus pour faire partager notre opinion sur ce point à l'administration et au public ; et tant que cette malheureuse institution subsistera, nous chercherons à en atténuer les pernicieux effets, en portant autant qu'il sera en nous la lumière sur toute entreprise proposée. Par là du moins, nous l'espérons, nous déjouerons souvent les manœuvres au moyen desquelles les travaux les plus utiles à la prospérité publique sont exploités dans un but d'agiotage ; et, par nos efforts, en écartant des travaux publics les spéculateurs ignorans qui en ont si malheureusement retardé le développement par le succès de quelques-unes de leurs tentatives, nous y rappellerons les hommes compétens, les hommes de talent et de probité.

Ce que nous nous proposons de faire pour les travaux publics, nous nous le proposons également sur toute question commerciale, industrielle, financière. Toutes ces questions se touchent; toutes peuvent avoir une grave influence sur la prospérité de l'état, et nous avons donné la mesure de l'importance que nous y attachons, et par conséquent du soin que nous apporterons dans leur examen, en déclarant que ces questions nous paraissaient les véritables questions politiques, et que toute la société gravitait vers ce terrain.

Pour résumer en quelques mots ce que nous venons de dire, nous nous proposons;.,

1° De donner notre opinion motivée sur l'utilité, comme entreprise et comme spéculation, de tout projet de travail public proposé.

2° De provoquer l'examen et l'étude des travaux qui nous paraîtraient utiles;

3° De faire nous-mêmes ces études pour les compagnies qui nous en feraient la demande, ou même à nos frais;

4° De donner notre opinion, ou de provoquer l'attention du public sur toute question grave en matière d'industrie, de commerce, de finances.

Nous répétons ici notre appel à tous les hommes qui, en présence des événemens devenus si graves, de l'anarchie levant la tête, de l'état d'inquiétude et de souffrance auquel la nation est en proie, ont reconnu que l'organisation du travail était le seul moyen de sortir de la crise que nous subissons, et qui semble, chaque jour, se développer plus menaçante.

Nous ne fondons pas une coterie; la première loi de l'organisation du travail, c'est la publicité, c'est la lumière et l'indépendance pour toute opinion. Toute industrie trouvera en nous, non pas des défenseurs (car il est des restrictions, des prohibitions que nous ne défendrons pas), mais des organes; nous dirons ce qu'elles croient être leurs besoins, alors même que nous penserions qu'elles se trompent, ce que nous dirons aussi; et quand une industrie exprimera des vœux qui nous paraîtront d'accord avec ceux du pays, quand une entreprise nous semblera manifestement utile, ou certainement désastreuse, nous élèverons une voix infatigable, et nous ne nous arrêterons qu'entendus.

Nous comptons sur le concours de tous ceux qui sentiront profondément comme nous la nécessité de montrer au pouvoir et à toute la société qu'il est possible de constituer un tribunal, un jury industriel qui répandrait la lumière sur toute question industrielle, et lui donnerait une utile et sage direction; ces hommes viendront à nous, non avec la pensée que ce tribunal, ce

jury puisse se constituer définitivement en nous
et par nous, nous ne le pouvons pas, mais avec
la certitude qu'un essai de ce genre, même très-
imparfait, est nécessaire aujourd'hui, et que s'il
faut quelque courage pour le tenter, ce doit être
le courage que l'on puise dans la sincérité, dans
l'indépendance, dans le désintéressement.

Au reste, dans une question si sérieuse nous
avons reconnu que nous ne devions pas nous
borner pour ainsi dire à un prospectus, à un
programme; qu'il fallait immédiatement nous
faire juger sur une œuvre; cette œuvre, c'est
l'ouvrage que l'on va lire, œuvre commune des
quatre fondateurs de l'association.

Nous avons la certitude que la pensée qui a
inspiré notre association est bonne.

Nous n'avons pas la certitude que nous soyons
capables de la réaliser.

C'est pourquoi, avant de nous constituer juges
nous-mêmes, nous avons voulu être jugés. C'est
au public à nous donner notre investiture; l'ac-
cueil qui sera fait à cette première production
nous apprendra si nous devons persévérer.

Paris, Août 1832.

LAMÉ et CLAPEYRON,

Ingénieurs des Mines.

STÉPHANE ET EUGÈNE FLACHAT,

Ingénieurs civils.

VUES

POLITIQUES ET PRATIQUES

SUR LES

TRAVAUX PUBLICS

DE FRANCE.

CHAPITRE PREMIER.

Des préventions actuellement existantes contre l'intervention du gouvernement en matière de travaux publics. — Du grand réseau de routes royales exécuté par l'État dans le dernier siècle. — Du canal du Languedoc.— Des canaux du Centre et de Saint-Quentin. — Du canal Calédonien. — Des canaux de l'Amérique du Nord. — De la nécessité que l'État intervienne dans l'établissement du système général des communications.

Le pays souffre; l'industrie ne fut jamais (relativement) moins active, jamais le commerce plus languissant ; jamais la main-d'œuvre plus insuffisante au besoin de l'ouvrier ; jamais le prix des matières de consommation plus élevé; jamais le profit du travail plus faible pour le travailleur.

Cet état de choses est si patent , si général, qu'il commence à devenir l'objet de l'attention et des méditations de tous, et déjà depuis quelque temps les hommes qui sont

en possession d'élever sur les questions de cette nature une
voix écoutée, les économistes, l'ont signalé, et ont cherché
à en déterminer les causes et à indiquer quels remèdes y
pourraient être apportés.

Ils ont tous été d'accord sur la nécessité d'un bon système de communications, complet, économique, rapide,
et par lequel pût s'opérer à bas prix et avec régularité la
distribution des produits du travail. Ils ont vu dans l'établissement de ce système un des plus puissans moyens de
prospérité pour le pays; mais après en avoir manifesté
l'opinion et exprimé le vœu avec persévérance, voyant que
l'établissement de notre système de communications mar-
chait avec une lenteur désespérante, ils se sont écriés : la
faute en est à l'administration.

D'accord avec les économistes sur l'utilité, sur la nécessité d'un bon système de communications, nous ne le
sommes pas sur la cause qu'ils assignent à la lenteur du développement de ce système.

Les économistes pensent que les travaux publics de
France ne sont aussi arriérés que parce que l'administration publique y a encore trop d'influence, et, selon nous,
pour qu'ils prennent toute l'activité qu'il est si urgent d'y
apporter, il faut que le gouvernement y intervienne très-
puissamment.

Cette opinion, nous le savons, compte aujourd'hui fort
peu de sectateurs; nous sommes donc obligés de l'appuyer
de quelques preuves et de faire connaître les motifs qui
nous y ont nous-mêmes conduits.

Qu'il doive être reproché au gouvernement de grandes
fautes et beaucoup d'inertie dans la part qu'il a prise aux

travaux publics; que l'inextricable dédale et les intermi-
nables lenteurs de ses bureaux en aient entravé le développement, nous l'accordons.

Toutefois ces difficultés n'ont pas empêché la formation
du petit nombre de compagnies qui exécutent en ce moment des travaux publics. En même temps, le corps des
ponts-et-chaussées est occupé depuis neuf années à l'établissement de près de six cents lieues de lignes navigables, au nombre desquelles sont quelques-uns des canaux
qui peuvent avoir le plus d'influence sur la prospérité
du pays.

C'est, il est vrai, depuis que ces canaux ont été entrepris par le gouvernement, en vertu des lois de 1821 et
de 1822, que les reproches des économistes sont devenus
plus vifs, et qu'ils s'en sont fait une arme d'opposition
plus active.

Profitant d'une faute grave qui fut commise alors par
la direction des ponts-et-chaussées, et dont il sera parlé au
Chapitre III, ils ont pensé qu'ils pouvaient puiser là un
argument puissant contre l'intervention du gouvernement
dans les travaux publics, et ils ont à cet égard complètement réussi à faire adopter généralement leurs préventions .
si profondes contre toute part quelconque prise par le gouvernement dans l'exécution des travaux publics.

Depuis ce succès des économistes, le gouvernement n'est
plus intervenu, en effet, dans les travaux publics que
par les examens administratifs et les formalités législatives,
et nous avons dit plus haut (avant-propos, pag. 16 à 18), le
peu d'influence de ces examens et de ces formalités pour
le succès d'une entreprise. Il en est résulté que, tandis que

les ponts-et-chaussées, continuant les travaux de 1821 et
1822, répandaient annuellement sur le sol de France,
pour dix à douze millions de main-d'œuvre, sans compter
leur budget ordinaire qui y donne près de vingt-cinq millions, les compagnies particulières formées pour l'exécution
de quelques travaux publics, ponts, canaux, ou chemins
de fer, n'ont pas employé trente millions dans le cours
de ces dix années.

Pour en bien juger les causes, reprenons en peu de
mots les argumens qu'employèrent les économistes.

« Un bon système de communications est nécessaire.

» Les diverses parties dont il se composera doivent être
» conçues et exécutées par des compagnies particulières.

» Car le gouvernement n'a aucun moyen de juger l'op-
» portunité des travaux à exécuter, et d'en apprécier l'uti-
» lité ; il doit être, surtout, absolument exclu de l'exe-
» cution de ces entreprises; l'intérêt privé peut seul y
» développer l'activité, l'économie, la promptitude né-
» cessaires. »

» Pour que l'entreprise ne soit pas improductive pour
» l'intérêt privé, il faut qu'elle rapporte au moins l'intérêt
» des fonds qui doivent y être appliqués. »

» C'est l'intérêt privé qui peut seul découvrir et prou-
» ver que l'entreprise produira ce résultat. »

» Afin que l'entreprise ne soit pas trop productive pour
» l'intérêt privé, ce qui serait contraire à l'intérêt général,
» il faut la mettre en adjudication. »

» La lutte des intérêts privés est essentielle dans ce cas à
» l'intérêt général. »

L'on ne niera pas, sans doute, que tout ceci ne soit de

très-pure économie politique, telle quelle est aujourd'hui professée.

Nous ne nous attacherons pas ici à discuter en détail cha-cun des principes économiques que nous venons de repro-duire résumés; cette discussion trouvera sa place dans le cours de l'ouvrage. Constatons d'abord ce qui résulte du succès que ces principes ont obtenu.

Les travaux publics sont, en France, de plus en plus désertés par l'intérêt privé, par les capitaux, par le talent ; nos routes dépérissent; nos fleuves sont à peine navigables, nos canaux restent inachevés ; de chemins de fer, il s'en projette beaucoup, et il ne s'en construit pas.

Il est vrai que l'économie actuelle a sa réponse : « S'il ne » se produit pas de canaux et de chemins en fer, c'est » qu'apparemment l'intérêt privé a jugé que ces travaux ne » lui seraient pas assez productifs. »

Cette réponse est malheureusement très-vraie, mais, en bonne foi, pour être vraie, est-elle suffisante? c'est là la cause du mal, ce n'en est pas sans doute le remède.

» Le prix du transport quadruple le prix du blé. Avec » de bons transports et des navigations rapides, la France » n'éprouverait pas de disettes », a dit M. Say (1), dont personne plus que nous n'estime et ne respecte le talent et la sagacité.

Mais aux conditions qu'impose l'économie politique ac-tuelle pour l'établissement des canaux, on peut affirmer à priori qu'il ne se construira jamais de canaux qui puissent empêcher une disette.

(1) *Économie politique pratique*, tom. II, p. 269.

Pour qu'un canal puisse être une bonne spéculation , et qu'ainsi l'intérêt privé puisse s'en occuper , il faut qu'il transporte au moins 120,000 tonneaux de 1,000 kilogrammes ; or un pareil échange de matières n'existe qu'entre pays déjà bien cultivés , où l'industrie aussi est florissante, et qui n'ont plus déjà depuis long-temps à redouter de disettes.

Il n'y a que la société tout entière, c'est-à-dire le gouvernement, qui puisse ouvrir ces canaux qui empêcheraient des disettes , parce que le produit de tels canaux n'en couvrirait évidemment pas la dépense; le gouvernement peut seul faire de telles dépenses dans l'intérêt général.

Dira-t-on maintenant que de telles dépenses ne sont pas dans l'intérêt général?

Il y a un siècle, si le système des routes à barrières eût été établi, et que l'on n'eût pu songer à construire des routes qu'autant que le droit de barrière en aurait couvert l'entretien et l'administration , il est évident que l'économie politique actuelle n'aurait eu alors à conseiller que l'établissement de celles de ces routes qui auraient satisfait à la condition que nous venons d'indiquer, puisque ç'auraient été les seules qui pussent offrir des entreprises productives à l'intérêt privé.

Ainsi une petite portion seulement s'en serait successivement exécutée, et la plus grande partie des routes ouvertes il y a un siècle ne se pourrait pas même entreprendre aujourd'hui ; car aujourd'hui encore le droit de barrière sur la plupart de nos routes royales n'en couvrirait pas certainement pas l'entretien.

Une autre marche fut suivie ; l'État se décida à faire un grand sacrifice ; devançant de beaucoup le moment où l'on pourrait même songer à confier des travaux de cette nature à des particuliers, il couvrit le territoire d'un vaste réseau de routes qui ont mis en communication les contrées de France les plus arriérées avec celles où la civilisation, l'industrie, l'agriculture, étaient le plus avancées.

Cette détermination du gouvernement ne fut-elle pas inspirée par les vues les plus sages ? n'a-t-elle pas produit d'immenses résultats ? malgré les imperfections des routes tracées alors, n'est-il pas certain qu'on peut les compter au nombre des causes les plus fécondes des progrès accomplis depuis ce temps ?

Cela n'a sans doute besoin de démonstration pour personne, ni surtout pour les économistes. Pourquoi donc n'en serait-il pas fait ainsi aujourd'hui pour les canaux et les chemins de fer ?

L'établissement d'un grand système de canaux et de chemins de fer est-il moins nécessaire aujourd'hui, que ne l'était, il y a cent ans, l'établissement d'un grand système de routes ?

Les économistes ne le pensent pas, puisqu'ils voient dans l'imperfection de l'état actuel des transports, c'est-à-dire dans l'absence de canaux et de chemins de fer, l'une des causes principales de la détresse de l'industrie, de l'agriculture, du commerce.

Le canal du Languedoc, exécuté par Riquet avec de l'argent qui lui fut donné en grande partie par Louis XIV ou les états du Languedoc ; le canal du Centre, exécuté par les soins des états de Bourgogne ; le canal Saint-Quentin,

5

exécuté aussi aux frais du gouvernement, et par ses ingénieurs, attestent, aussi bien que les travaux du Simplon,
que les ponts de Bordeaux, d'Iéna, d'Austerlitz, que la digue de Cherbourg, que les endiguemens de la Hollande,
sous l'Empire, tout ce que peut exécuter la société, tout
ce qui peut se produire sous les inspirations de l'intérêt
général, a défaut de l'intérêt privé qui n'eût entrepris aucun de ces travaux, faute d'y trouver matière à une bonne
spéculation, ainsi que le prouvent les faits accomplis.

Le canal du Languedoc, malgré les énormes dépenses
qui y ont été faites depuis Riquet, ne rapporte guère
aujourd'hui, en produit net, que 3 à 4 pour cent du
capital employé à sa construction, et qui équivaut à
33,000,000 fr., monnaie d'aujourd'hui.

Le canal du Centre ne rapporte guère que 3 pour cent
de ce qu'il a coûté, non compris les dépenses supplétives
qui y ont été faites par les ingénieurs qui ont succédé à son
illustre constructeur, Gauthey.

Le canal Saint-Quentin, qui a coûté 12,000,000 fr., a
été concédé pour vingt-sept ans, après adjudication publique, à M. Honnorez, qui s'est chargé de faire à ce canal des
augmentations et réparations évaluées au plus à 4,000,000.
En supposant que ces fonds soient placés à 10 pour cent,
on voit que cela représenterait 2 1/2 pour cent, des
16,000,000, prix définitif du canal, sans compter ce
que l'administration y avait dépensé depuis son ouverture.

Eh bien ! malgré que les produits de ces trois belles entreprises soient si loin d'atteindre le taux que recherchent les
spéculateurs pour s'occuper d'une affaire de travaux pu-

blics, nous ne croyons pas qu'il soit jamais venu à la pensée de qui que ce soit de faire un tort aux divers gouvernemens qui les ont exécutés de n'avoir pas attendu qu'elles pussent devenir l'objet de spéculations lucratives pour des particuliers. S'ils l'eussent fait, il est bien clair qu'aujourd'hui encore nous n'aurions ni le canal Saint-Quentin, ni le canal du Centre, ni le canal du Languedoc.

Nous verrons dans le second chapitre par quelles circonstances la canalisation de l'Angleterre a été exécutée par des compagnies. Néanmoins l'ouverture du canal Calédonien (1), ayant été reconnue l'un des moyens les plus propres à hâter le développement de la civilisation dans la Haute-Écosse, le Parlement en a ordonné l'exécution; et dans les années même où l'Angleterre se trouvait le plus embarrassée dans ses finances, à la fin des guerres de l'Empire, le Parlement a consacré des sommes importantes à ce canal. La sagesse qui avait inspiré cette mesure a bien éclaté par l'expérience ; l'impulsion donnée par le canal Calédonien à l'agriculture et à l'industrie de la Haute-Écosse est un des faits qui prouvent le mieux combien la civilisation rend avec usure et rapidité les avances qui lui sont faites.

L'Amérique du Nord est pénétrée de ce principe, et tous ses états, et même le pouvoir fédéral, fournissent des subventions pour l'ouverture des canaux, des routes et des chemins de fer, dans les pays où l'industrie est le moins déve-

(1) *Des travaux et de l'aménagement des eaux du canal Calédonien*, par Stéphane Flachat, 1 vol. avec atlas. Paris, Carilian-Gœury, libraire.

loppée, afin d'en accélérer les progrès, et il n'est pas une seule entreprise, conçue sous cette inspiration, dont les résultats n'aient dépassé les espérances qui en avaient été conçues.

Enfin on commence à savoir, et les détails que nous donnerons sur ce point à la fin de notre ouvrage en fourniront la preuve, que les canaux dont l'ouverture a été le moins productive pour les compagnies qui les entreprenaient, ont *toujours* donné à l'état de *très-grands bénéfices*, pour l'accroissement qui s'est produit dans les propriétés situées sur la ligne nouvelle de communication, et par l'augmentation des impôts, par l'économie produite sur le roulage de terre, et dont toute la société profite, et enfin par la diminution dans l'entretien des routes de terre.

De tout ce qui vient d'être dit, nous ne concluons pas que, pour donner à la France le système de communications qui y est devenu le besoin vital du travail, on doive en remettre l'exécution au gouvernement. Nous l'avons dit dans notre avant-propos, il n'y a pas lieu aujourd'hui à songer à une telle proposition ; l'opinion publique la repousserait sans examen.

Mais on doit reconnaître aussi qu'il n'est pas possible d'attendre que tout travail public soit devenu la matière d'une bonne spéculation pour en doter le pays ; il doit paraître évident que l'établissement du système de canalisation et de routes en fer, c'est-à-dire des voies industrielles principales, serait entravé pendant des siècles encore, si l'on s'imposait rigoureusement cette condition. Les points les plus riches, les plus importans de France, ceux où il se fait le plus de commerce, où l'industrie est le plus développée, où les consommations sont les plus actives, ne seraient ainsi jamais mis en communication, parce qu'il faudrait, pour les réunir, traverser de longues contrées sans culture, sans industrie, sans population : cela ne peut être. Il y a évidemment lieu ici que toute la société intervienne ; le gouvernement ne peut rester inerte et spectateur indifférent dans une question de vie ou de mort pour le pays ; il y a seulement à rechercher comment il peut intervenir, et c'est aux hommes qui sentent profondément ce qu'il y a de fatal dans l'imperfection de nos voies de communication, et la part qu'il faut faire aux préventions publiques que nous venons de signaler, qu'il appartient d'indiquer quelle part pourrait être prise par l'état dans un vaste développement des travaux publics , sans porter trop brusquement atteinte aux idées aujourd'hui dominantes.

CHAPITRE II.

De la canalisation de l'Angleterre, exécutée par des compagnies.
— Intervention du gouvernement anglais dans l'exécution de
quelques canaux. — Historique de la canalisation de l'Angleterre. — Premiers canaux joignant Londres et Liverpool, par
Manchester, avec embranchemens sur Birmingham. — Bénéfices obtenus par les compagnies. — Comparaison de la France
avec l'Angleterre pour l'établissement des travaux publics. —
Différences dans la topographie, — dans l'hydrographie, —
dans le climat, — dans le régime des rivières, — dans les institutions. — Supériorité de l'Angleterre sous tous les points de
vue. — Conclusion à tirer de cette comparaison.

La canalisation de l'Angleterre a été exécutée par des
compagnies particulières, et un grand nombre de ces entreprises ont été suivies d'un succès inespéré; des bénéfices
énormes y ont été réalisés.

Ce fait a été l'un des argumens les plus habituellement
employés pour installer parmi nous le principe de l'exécution des travaux publics par compagnies. Nous croyons que
l'on a fait usage des faits relatifs à la canalisation de l'Angleterre comme de ceux qui touchent à ses mœurs parle-
mentaires, avec engouement et sans bien analyser les circonstances dans lesquelles ils se sont produits. L'angloma-
nie est passée de mode, quant à ce qui tient à l'établisse-

ment de nos lois ; souhaitons qu'elle disparaisse aussi pour toute autre chose. En matière de travaux publics, surtout, gardons-nous de bâtir des systèmes sur des faits mal connus.

Remarquons d'abord que le gouvernement anglais, pour avoir concédé à des compagnies l'exécution de la presque totalité des canaux et chemins de fer de ce pays, ne s'est nullement interdit d'y intervenir lui-même quand la nécessité en serait démontrée.

Ainsi, nous avons déjà dit que le canal Calédonien a été exécuté aux frais de l'État, parce que le Parlement avait reconnu dans cette entreprise un des moyens les plus sûrs et les plus prompts de civiliser la Haute-Écosse. Ajoutons que pour ce même pays d'Écosse, le Parlement a consenti encore à intervenir dans la construction du canal de Forth et Clyde, par un prêt de 50,000 livres sterling, à la compagnie concessionnaire. Au moyen de ce prêt, la compagnie a pu réunir le reste des fonds nécessaires ; le canal s'est exécuté ; les produits en ont d'abord été faibles ; puis ils se sont successivement accrus au point que les 50,000 liv. st. sont remboursées, et cette entreprise est certainement aujourd'hui l'une des meilleures de la Grande-Bretagne.

Nous laisserons maintenant parler l'auteur d'un ouvrage estimé sur les *Canaux navigables*, M. Huerne de Pommeuse, retraçant l'histoire de l'établissement du premier canal d'Angleterre. Dans ce pays, tout de traditions, où tout se règle par les antécédens, il est intéressant de connaître comment s'est créée la première entreprise de navigation ; les exemples qu'elle a donnés ont décidé de la législation et du mode d'exécution de tous les autres.

« Le duc de Bridgewater (1) sortant de sa minorité, et dans un âge où les plaisirs absorbent si souvent les facultes de l'homme, entreprit et fit construire à lui seul le premier canal navigable qui fut établi en Angleterre. Le but principal du sien était de créer les débouchés les plus vastes et les moins dispendieux pour des mines de charbon de terre qu'il possédait à Worsley, et que l'étendue de leur gîte semblait rendre inépuisables ; il calculait aussi les bénéfices qu'il retirerait des droits de transport sur son canal....

» Le jeune lord sut braver les critiques et la dérision d'individus qui, ne pouvant s'elever à la hauteur de ses conceptions, regardaient comme ruineux sans être utile, et même comme inexécutable, le projet qu'il formait d'établir une navigation artificielle par un canal qui traverse une rivière sur un pont aquéduc, tandis qu'il se présentait une navigation naturelle à peu de distance de ses mines, par la proximité de l'Yrwell, qui passe à Manchester et se jette dans la Mersey, qui s'embouche dans la mer à Liverpool.

» Mais d'après les inconvéniens ordinaires aux courans d'eau naturels, le duc de Bridgewater avait su se convaincre de l'insuffisance de ce moyen apparent de navigation qu'offrait l'Yrwell ; il avait reconnu qu'il fallait un moyen plus sûr, plus prompt et surtout plus économique pour donner à ses mines le grand produit dont elles étaient susceptibles.

» Le jeune lord présida à l'exécution de son projet, et en surmonta les difficultés avec une constance qu'on ne saurait trop louer ; il réduisit sa dépense personnelle à 400 li-

(1) Huerne de Pommeuse, *des Canaux navigables*, t. II, p. 2 à 5.

vres sterling par an, et consacra tout le surplus de ses grands revenus aux dépenses de son entreprise; il habita lui-même sur un des bateaux qui furent construits pour les ateliers destinés à activer les travaux de tout genre.

» Sa première idée n'avait été que d'établir une communication entre ses mines et Manchester; il obtint, à cet effet, en 1758, un acte du Parlement.... »

Ici l'auteur rend compte des difficultés que le duc eut à surmonter à cause des grands travaux d'art nécessaires pour l'établissement de son canal, et il ajoute:

« La noble émulation du lord s'alimentant même par les difficultés qu'il avait surmontées, il sollicita successivement d'autres actes du Parlement pour prolonger son canal jusqu'à Preston-Brook, et de la le diriger d'un côté jusque dans les eaux de Liverpool, et de l'autre jusqu'au canal dit le *Grand-Tronc,* entrepris, comme on le verra ci-après, par suite des avantages qui résultaient des beaux travaux du duc. »

Ces avantages pour le duc de Bridegwater furent immédiats par le développement considérable que prit en très-peu de temps l'exploitation de ses mines. Quant aux produits de la circulation du canal de Manchester a Liverpool, ils ne s'élevèrent que lentement au taux suffisant pour couvrir les dépenses de construction; mais au bout de plusieurs années, par suite de l'impulsion donnée par ce canal et ceux qu'il a fait établir, à l'industrie de Manchester et de Birmingham et au commerce de Liverpool, les produits du canal se sont élevés jusqu'a 20 pour cent du prix de construction.

Ainsi s'est fondé législativement le système de canalisa

tion de l'Angleterre; d'autres particuliers ont fait pour d'autres canaux ce que le duc de Bridgewater avait fait pour le sien; comme lui, des compagnies ont proposé au Parlement de se charger de l'exécution d'une ligne navigable, dont elles fournissaient les plans, moyennant concession d'un péage à perpétuité; comme pour le projet du duc de Bridgewater, des enquêtes ont été ouvertes par la Chambre des Communes; elle a discuté, débattu le tarif avec les entrepreneurs, et quand elle a reconnu les entreprises utiles au point de vue général, elles les a concédées aux particuliers, *sans concurrence.*

Remarquons d'abord que ce système de législation est bien plus propre que la nôtre à appeler les capitaux et les talens dans les travaux publics.

Continuons maintenant à examiner comment se sont établis les canaux d'Angleterre.

Voici les dates des actes de concession des principaux canaux d'Angleterre.

Canaux du duc de Bridgewater, 1758 et 1760.	
Canal du Grand-Tronc,	1766
Canal de Coventry,	1768
Canal d'Oxford,	1769
Canal de Stafford et Worcester,	1775
Canal de Leeds et Liverpool,	1779
Canal de Grande-Jonction,	1792

Les quatre premiers de ces canaux avaient pour but de mettre en communication *Londres et Liverpool,* alors comme aujourd'hui les *deux ports les plus actifs de l'An-*

gleterre; aussi ces canaux ont-ils été au nombre de ceux dont les bénéfices ont été les plus élevés.

Nous avons dit quels avaient été ceux du canal de Bridge-water : les actions du canal du Grand-Tronc, se sont élevées de 100 liv. st. à 1,500 liv. st. ; celles du canal de Coventry, de 100 liv. st. à 1,250 liv. st. ; celles du canal d'Oxford, de 100 liv. à 720 liv. st. Mais cette hausse dans les actions ne s'est pas produite immédiatement ; c'est généralement au *bout de plusieurs années que le dividende a seulement couvert le capital, et s'est elevé successivement comme nous venons de l'indiquer.*

Les canaux autour de Birmingham et de Manchester ont été concédés de 1785 à 1795. Il est remarquable qu'une bonne partie des canaux anglais a été ouverte dans les années de guerre avec la France, et cela se conçoit très-bien. Cette guerre, en livrant à l'Angleterre l'approvisionnement d'une partie de l'Europe en matières exotiques et fabriquées, approvisionnement que la France opérait en très-grande partie avant 1789, donnait au commerce de Londres, de Liverpool, de Bristol, de Hull, à l'industrie de Manchester et de Birmingham, une activité qui explique la nécessité de toutes les lignes navigables qui se sont créées avec tant de succès autour de ces diverses villes.

Il n'est pas de plus belle ligne de navigation intérieure que celle qui joint aujourd'hui Londres à Liverpool par les canaux de Bridgewater, de Grand-Tronc, de Coventry, une courte portion du canal d'Oxford, et le canal de Grande-Jonction. Ce dernier a remplacé le canal d'Oxford et la Tamise depuis Braunston jusqu'à Londres, et ses actions sont montées de 100 l. sterl. jusqu'à 311 l. sterl. Cette ligne de navigation, qui passe par Manchester et a des embranchemens sur Birmingham, et qui joint ainsi les deux cités les plus manufacturières aux deux ports les plus florissans, n'a pas plus de soixante lieues de long.

Ce que nous venons de dire suffirait déjà, sans doute, pour expliquer le succès des principales entreprises de canalisation de l'Angleterre; mais bien d'autres causes encore y ont contribué.

Au premier rang, il faut mettre les institutions de l'Angleterre, institutions qui, en concentrant dans un petit nombre de mains de vastes étendues de terre et d'énormes capitaux, y ont rendu très-facile l'établissement des grands travaux publics.

Nous avons vu tout-à-l'heure que c'était un pair d'Angleterre qui l'avait dotée de son premier canal; c'est à un autre pair d'Angleterre, lord Stafford, qu'elle doit le canal du Grand-Tronc, et celui de Stafford et Worcester. Il n'est pas d'entreprise de cette nature où l'aristocratie anglaise ne soit intervenue avec ses capitaux et son influence.

Quant aux dispositions naturelles, l'hydrographie, la topographie, le climat d'Angleterre, le régime de ses rivières, tout se prête admirablement dans ce pays à l'établissement des voies de communication; c'est, au reste, ce qui va complétement ressortir de la comparaison que nous allons établir, sous ces divers points de vue, entre la France et l'Angleterre.

L'étendue du territoire de la France, et la hauteur des montagnes qui l'enserrent et la traversent dans tous les sens, y composent un sol beaucoup plus tourmenté que celui de l'Angleterre. Ce fait, que le plus simple examen des cartes géographiques atteste suffisamment, est révélé, en ce qui concerne la canalisation, par la hauteur des points de partage.

Le point de partage le plus haut des canaux d'Angleterre, celui du canal du Grand-Tronc, est à 135 mètres au-dessus du niveau de la mer; le point de partage du canal de Grande-Jonction, à 127 m., et celui du canal d'Oxford, à 120 m.

Le point de partage du canal du Languedoc est à 189 mètres au-dessus du niveau de la mer; le réservoir du Lampy, où se prend une partie de ses eaux d'alimentation, est à 646 m.

Le point de partage du canal du Centre est à 515 mètres; celui du canal de Bourgogne à 383 m. ; celui du canal de Briare à 165 m.; celui du canal du Rhône au Rhin à 349 m.; l'un des points de partage du canal de Nantes à Brest à 181 m.

Cette seule circonstance prouve que l'établissement des canaux en France doit être généralement plus coûteux qu'en Angleterre. L'aménagement des eaux est pour nos canaux plus difficile et plus cher; il faut des rigoles plus longues pour amener au point de partage la quantité d'eau nécessaire à l'alimentation, et un plus grand nombre d'écluses pour descendre aux fleuves navigables.

La France n'est baignée par la mer que sur une partie de son territoire, et encore les deux parties qui jouissent de cet avantage, les côtes du Midi et celles de l'Ouest, sont-

elles séparées par l'Espagne et par le long détour du détroit
de Gibraltar ; de là, tous les projets de canaux de mer en
mer sur lesquels se sont fondés presque tous les systèmes
généraux de canalisation du territoire, systèmes que nous
jugerons ailleurs.

On peut remarquer aussi que nos côtes ne sont pas profondément découpées par la mer comme celles de l'Angleterre ; la portion des fleuves de France sur lesquels remonte
la navigation maritime est fort courte par rapport à l'étendue du territoire.

Le climat est aussi fort différent de celui de l'Angleterre ;
beaucoup plus inégal, moins régulièrement pluvieux, et
la durée de sécheresse étant bien plus longue en France
qu'en Angleterre; d'où résulte pour la France l'obliga-
tion de faire des dépenses plus fortes pour l'approvisionnement des eaux des points de partage, et la nécessité d'établir
de grands réservoirs, où les eaux superflues qu'amènent les
saisons pluvieuses puissent être aménagées pour la saison
sèche.

Nos rivières d'ailleurs sont d'un régime bien plus inégal
que celui des rivières d'Angleterre, et on le conçoit facilement en réfléchissant que, comme elles partent de cimes
beaucoup plus élevés pour parcourir un terrain plus étendu,
leur cours est d'abord d'une rapidité qui pour plusieurs est
torrentielle, et qui, dans la plupart des cas, ne les laisse
propres à la navigation qu'à de grandes distances de leurs
sources ; sur le reste de leur cours, leur navigation est généralement pénible, embarrassée, et les différences de hauteur d'eau qu'elles présentent de la saison sèche à la saison

pluvieuse offrent de très-grands obstacles à la navigation.

La France n'a donc pas seulement à joindre ses fleuves et rivières au moyen de canaux à point de partage; il faut encore qu'elle améliore la presque totalité de ses lignes navigables naturelles; et ajoutons ici que, tandis que l'Angleterre, quand ses fleuves ont eu besoin d'améliorations, a pu les opérer très-souvent au moyen de barrages très-économiques, témoin la Tamise au-dessus de Londres, il n'y a pas même lieu de songer à améliorer ainsi le Rhône et la Loire sur tout leur cours, la Garonne, la Seine, la Meuse, la Moselle sur une grande partie du leur. Ainsi les canaux à point de partage de France aboutissent à des rivières dont la navigation doit être, pour la plupart, entièrement remplacée par des canaux; il n'en est pas ainsi en Angleterre.

Le canal du Grand-Tronc aboutit à la rivière de Trent à plus de quarante lieues au-dessus de son embouchure dans l'Humber; le canal de Stafford et Worcester débouche dans la Severn à trente-six lieues de son embouchure à la mer; le canal de Leeds et Liverpool débouche à vingt-huit lieues du port de Leeds, etc., etc., et la navigation de toutes ces rivières a été très-facilement et très-économiquement améliorée.

Si l'on examine maintenant comment se trouvent disposés les points principaux où s'exercent le commerce et l'industrie de la France, on reconnaît qu'à cet égard elle est infiniment moins bien partagée que l'Angleterre.

Tout le bassin de la Seine, par exemple, est dépourvu de mines de charbon; les plus voisines de Paris sont celles de Valenciennes; et tandis que Londres est alimenté de charbon de terre par les mines de Newcastle, situées sur le

bord de la mer, Paris n'en peut recevoir que par l'intérieur.
Les mines de fer qui se trouvent dans le bassin de la Seine,
et sur lesquelles se sont fondées les importantes et nombreuses forges du département de la Marne, sont éloignées aussi des mines de charbon, en sorte que la partie
du territoire la plus peuplée, la plus industrieuse de
France, ne peut se procurer aujourd'hui ni fer ni charbon
à bon marché, c'est-à-dire que les consommations de ces matières y sont fort restreintes. Or le principal produit des canaux anglais consiste dans le transport du fer et du charbon, dont la consommation est considérable dans ce pays,
en raison du bon marché de ces matières.

Dans les autres parties du territoire, nous trouvons également des dispositions bien moins avantageuses que celles
que nous avons signalées en Angleterre.

Dans le bassin de la Gironde, Firmy, dont les mines de
fer et de charbon promettent à l'Europe un de ses plus
beaux foyers industriels, commence à peine à être exploité,
et les canaux ou chemins de fer qui peuvent joindre Firmy
à la mer ou au reste du territoire sont d'une exécution bien
plus difficile, bien plus coûteuse que les canaux anglais cités plus haut.

Dans le bassin du Rhône, Saint-Étienne est à une extrémité, Marseille à l'autre ; la Voulte et ses mines de fer ne
recevront tout leur développement que lorsqu'elles pourront recevoir du combustible à bon marché. Alais comme
Firmy entre à peine en exploitation, et ses communications
avec l'intérieur du pays seront aussi d'un établissement difficile et dispendieux.

Les dispositions du sol et du climat de France sont donc

infiniment moins heureuses que celles d'Angleterre pour l'établissement des voies de communication.

Nous avons déjà dit que notre système d'administration offre plus de difficultés aussi pour cette nature d'entreprises que celui d'Angleterre.

La division de la propriété et des capitaux est enfin une cause d'embarras très-grave pour la confection des chemins de fer et des canaux de France, et nous avons vu que cette difficulté n'existait pas, ou du moins était beaucoup moins grande en Angleterre.

Ainsi, par exemple, en ce qui concerne l'expropriation, les grands propriétaires d'Angleterre n'ont pu douter un instant de l'amélioration que de grands travaux publics devaient apporter à leurs immenses possessions territoriales.

En France, au contraire, et surtout sur les lignes que doivent traverser les voies de communication, et qui sont celles généralement où l'industrie est le plus développée et la population plus nombreuse, le terrain est si morcelé, que pour un très-grand nombre de petits propriétaires qui se trouvent sur le tracé, il ne résulte pas autre chose de l'entreprise, qu'un très-grand dérangement. Ceux mêmes dont les propriétés sont un peu plus étendues n'apprécient pas combien cette entreprise peut leur devenir avantageuse. Les faits attestent que du moment qu'une petite portion de leur propriété est entamée, ils ne font nullement la part de l'accroissement de valeur bien certain qui en doit résulter pour tout le reste, et ils exigent pour la partie enlevée des prix vraiment exorbitans. Or ces prétentions, si mal fondées, des petits

4

propriétaires de France, sont un des plus grands obstacles à l'établissement des travaux publics, soit par les embarras et les lenteurs, soit par les dépenses qui en résultent.

La rareté des grandes fortunes, en France, crée, pour les travaux publics, une difficulté que l'Angleterre n'a pas eue à combattre, du moins au même degré.

Les actions dans les entreprises des canaux ou des chemins de fer ne peuvent se placer, en France, que parmi les possesseurs de fortunes médiocres, pouvant peu risquer, ayant besoin pour aventurer quelque chose que l'entreprise présente de grandes sécurités et de larges espérances, tenant surtout à ne pas fournir leurs capitaux, si l'intérêt au moins ne leur en est assuré pendant le temps de la construction, car cet intérêt entre dans leurs dépenses habituelles.

Enfin, tandis qu'un droit de péage est établi sur toutes les voies de circulation en Angleterre, en France la circulation par terre est gratuite; les canaux et les chemins de fer ont ainsi bien moins de facilité en France pour lutter contre les transports par terre.

De tout ce que nous venons de dire, il résulte que l'établissement du système général des voies de communication, chemins de fer et canaux, présente beaucoup plus d'obstacles en France qu'en Angleterre, et que par conséquent il serait beaucoup plus difficile d'arriver, en France, à l'établissement de ce système par le moyen des compagnies.

Nous avons déjà montré que les principaux canaux de France exécutés, ne présentaient pas un revenu suffisant pour des compagnies; avant que les autres canaux ou chemins de fer à établir n'offrissent l'espoir d'un résultat difféient, combien de temps encoie devraient rester notre industrie, notre agriculture, dans l'état de souffrance qui pèse aujourd'hui sur elles ?

La conclusion à tirer des beaux travaux de canalisation de l'Angleterre n'est donc pas que le système des compagnies exécutantes et concessionnaires sans aucune intervention ou subvention du gouvernement doit être installé en France ; car ce système n'est pas praticable parmi nous, à moins qu'on ne veuille se résigner à attendre que, par de longs et pénibles efforts, nos manufactures, notre commerce et notre agriculture se soient agrandis au point de fournir matière à de bonnes spéculations dans l'ouverture des canaux et des chemins de fer. Combien de temps sera nécessaire pour arriver à ce moment ? combien de faillites, d'émeutes, rempliront cet intervalle; c'est ce que nous laissons à décider aux sectateurs de l'intérêt privé, livré à ses seules ressources, en matière de travaux publics.

Pour nous, en présence des étonnans résultats que l'Angleterre a obtenus de sa canalisation; en présence de cette population grandissant et s'enrichissant si vite par la réduction dans les prix des matières premières et de consommation qu'elle doit à ses canaux; témoins de ces magnifiques et rapides progrès de l'industrie, du commerce et de l'agriculture d'Angleterre, nous pensons que la France ne saurait attendre plus long-temps, et qu'il faut aussi qu'elle se couvre le plus rapidement possible de canaux et de chemins de fer.

Mais lorsque nous voyons que la plupart des entreprises de canalisation de l'Angleterre, bien que favorisées par les plus heureuses circonstances, ont été généralement dans les

premières années onéreuses aux compagnies concessionnaires, puis, pour la plupart, se sont élevées successivement
à des produits considérables, nous pensons qu'il y a lieu
de mettre à profit ce grand enseignement.

Et puisque le sol, et le climat, et l'hydrographie et les institutions de France présentent plus de difficultés que ceux
de l'Angleterre pour l'établissement des travaux publics,
nous pensons que la France doit suivre pour ces travaux
un système différent de celui de l'Angleterre ; il nous paraît
démontré que la société tout entière, l'État, doivent intervenir en France pour la confection d'un système complet de voies de communication, et que la conclusion à tirer de l'exemple de l'Angleterre, c'est que le pays qui saura faire un sacrifice pour l'établissement de ses voies de communication, en sera bientôt et largement dédommagé par
un développement inattendu dans ses travaux industriels
et agricoles, par une prospérité qui dépassera ses espérances.

CHAPITRE III.

Des canaux exécutés par le gouvernement en vertu des lois de
1821 et de 1822. — De l'emprunt contracté pour assurer les
fonds nécessaires à leur construction. — Des devis fournis par
la Direction des ponts-et-chaussées. — Causes de l'inexactitude
de ces devis. — Des reproches dirigés contre les ingénieurs. —
Comparaison du prix des canaux exécutés par les compagnies
en Angleterre, et par les ingénieurs du gouvernement en
France.

La difficulté de livrer l'exécution des canaux à des compagnies concessionnaires, fut bien démontrée en 1821 et
1822; la concession de plusieurs travaux importans fut of-
ferte à des particuliers et fut refusée; le canal de Paris à
Dieppe fut mis en adjudication, et il ne s'y présenta personne.

Le gouvernement sentait dès-lors, sans aucun doute,
l'importance du perfectionnement de nos voies de communication. Il y a lieu de croire aussi que le ministère Villèle avait pensé que, pour arriver à l'exécution de ses projets politiques, il fallait que le pays lui fût redevable d'un
notable accroissement dans sa prospérité matérielle. Quoi
qu'il en soit, ce ministère, et celui qui l'avait précédé sentaient
la nécessité de donner une forte impulsion aux travaux pu-

blics, et, en 1821 et 1822, les chambres autorisèrent des transactions financières dont nous allons parler tout-à-l'heure pour l'exécution des canaux suivans :

	Longueur en mètres
Canal de Nantes à Brest.	569,537
Canal du Rhône au Rhin	546,825
Canal de Berri.	520,550
Canal de Bourgogne.	242,572
Canal latéral à la Loire.	192,065
Canal du Nivernais.	174,565
Canal de la Somme.	158,510
Navigation de l'Isle	116,000
Canal d'Ile et Rance.	80,796
Canal du Blavet.	59,818
Canal d'Arles à Bouc.	45,883
Canal des Ardennes.	58,850
	2,145,549

L'ensemble de ces lignes navigables compose donc 556 lieues de 4000 mètres.

Plusieurs de ces canaux avaient déjà été commencés soit par les anciennes provinces, avant la révolution, soit par l'empire ; 48,900,000 fr. y avaient déjà été consacrés, savoir :

Au canal de Bourgogne.	14,800,000
Au canal du Rhône au Rhin env.	15,000,000
Au canal d'Ile-et-Rance	6,000,000
Au canal du Nivernais.	5,500,000
Au canal de la Somme.	5,000,000
A reporte . .	44,500,000

	Report. . . .	44,500,000
Au canal de Berri.		2,500,000
Au canal de Nantes a Brest. . . .		1,500,000
Au canal de Blavet, environ. . .		500,000
Au canal d'Arles à Bouc, environ.		500,000
	Total. . . .	48,900,000 (1)

Nous estimons qu'en raison de l'ancienneté des ouvrages exécutés avec cette somme, et de l'abandon où ils avaient été laissés, la valeur de ces travaux commencés ne devait pas entrer en compte en 1821, pour plus de 40,000,000 fr.

La Direction générale des ponts-et-chaussées fournit au ministère le devis des sommes nécessaires à l'achèvement des divers canaux ci-dessus mentionnés ; nous verrons tout-à-l'heure comment ces devis furent établis. Quoi qu'il en soit, le montant total des devis fournis par la Direction générale des ponts-et-chaussées était de 125,000,000.

Remarquons que la faiblesse des devis était évidente pour quiconque avait étudié et la canalisation de l'Angleterre et celle de la France.

On sait que les canaux anglais, tant en grande qu'en petite section, ont coûté 90,000 fr. par kilomètre ; et d'après l'allocation demandée par les ponts-et-chaussées, à laquelle il fallait ajouter 40,000,000 d'anciens travaux, c'étaient 165,000,000 fr. pour 2,145 kilomètres de canaux, soit 76,000 environ par kilomètres, somme évidemment beau-

---

(1) Ces chiffres sont extraits de l'excellent ouvrage de M. Dutens, inspecteur-général des ponts-et-chaussées, sur l'*Histoire de la navigation intérieure de la France*, tome 1er.

coup trop faible. En comptant même les anciens travaux pour toute leur valeur, les devis n'auraient encore été que de 80,000 fr. par kilomètre.

Mais, nous le répétons encore, l'attention ne se fixa nullement sur ce point; il fut alors accordé autant de confiance à l'Administration des ponts-et-chaussées qu'il lui en est peu donné aujourd'hui. Les chiffres furent acceptés tels qu'elle les fournissait.

Ainsi que nous l'avons dit plus haut, plusieurs des canaux projetés furent offerts à des compagnies, elles les refusèrent.

Dans cette position, le gouvernement eut recours à des emprunts d'un mode particulier pour se procurer les fonds nécessaires.

En 1821, de premiers traités furent passés pour le canal de la Somme et pour celui des Ardennes, avec une compagnie représentée par M. Sartoris, et pour le canal du Rhône au Rhin, par une compagnie, représentée notamment par MM. Humann, Saglio, Renouard de Bussières, etc.

En 1822, d'autres traités furent passés pour le canal latéral à la Loire, pour le canal du Nivernais, pour le canal de Berry, et pour les canaux de Bretagne (canal d'Ile et Rance, canal de Blavet, et canal de Nantes à Brest), avec une compagnie dite des *Quatre-Canaux*, représentée principalement par MM. Laffitte, Ardoin, André et Cottier, Lapanouze, Rothschild, Hentsch Blanc et Cᵉ; pour le canal de Bourgogne, avec une compagnie représentée par M. Hagermann; pour celui d'Arles à Bouc, avec une compagnie représentée par M. Odier; pour la navigation de l'Isle, par une compagnie représentée par M. Froidefond de Bellisle.

Les conditions furent généralement que l'État paierait aux compagnies prêteuses un intérêt fixe, une prime, un amortissement, et les admettrait, après amortissement, au partage des bénéfices provenant des canaux pendant un certain temps.

Il a été, par exemple, stipulé que pour le canal de la Somme l'intérêt serait de 6 %.

Qu'après la construction des travaux, il y serait ajouté une prime de 1/2 % ;

Et qu'il serait fait un fonds d'amortissement de 1 %. L'excédant des produits du canal, après le service de l'intérêt, de la prime, et de l'amortissement appartient à la compagnie pendant tout le temps de l'amortissement ; après ce temps, les bénéfices sont partagés entre le gouvernement et la compagnie.

Pour le canal des Ardennes, mêmes conditions ; seulement la prime est de 1 %.

Pour le canal du Rhône au Rhin, l'intérêt est fixé à 6 %. Après l'exécution de ces travaux, il doit être ajouté 2 % pour amortissement ; le partage des bénéfices doit avoir lieu par moitié après l'amortissement du capital, pendant 99 ans.

Les traités de 1822 furent conçus dans le même esprit ; seulement l'intérêt fixe n'a été porté qu'à 5 1/4 % environ.

Dans plusieurs de ces traités ont été introduites des clauses comminatoires, pour le cas où le gouvernement n'aurait pas exécuté les travaux dans le délai fixé par lui. Ainsi, pour le canal du Rhône au Rhin, il a été convenu que si les travaux n'étaient pas finis le 1er juillet 1827, il serait accordé à la compagnie, à titre de dédommagement, 1 % la première année, 2 %, les années suivantes.

Il est très-probable que le gouvernement pensa que les primes et le fonds d'amortissement qu'il s'engageait à payer une fois que la navigation serait ouverte, lui seraient fournis, au moins, par cette navigation même ; qu'ainsi il empruntait de l'argent à 5 1/4 ou 6 %, et qu'il aurait encore tout le bénéfice que l'ouverture d'aussi belles lignes navigables ne pouvait manquer de lui procurer par l'accroissement des revenus publics. En outre il avait la perspective de l'accroissement des revenus des canaux par-delà la prime et le fonds d'amortissement.

Au taux d'intérêt de 6 pour cent pour 1821, et de 5 1/4 pour 1822, l'opération n'était donc pas onéreuse au point de vue financier. (Les fonds publics étaient à 80 en 1821, et à 85 en 1822.)

Les reproches qui lui ont été faits à cet égard ne nous paraissent donc pas fondés. Mais elle est devenue bien fâcheuse sous un autre rapport.

Nous avons vu que les compagnies prêteuses étaient composées de tout ce que la banque française comptait de maisons les plus respectables. Or, dans le cours de l'exécution, il n'est presque aucune de ces compagnies qui ne se soit crue lésée dans ses intérêts et qui, usant des droits que lui conféraient les traités, n'ait engagé des discussions, quelquefois très-graves, avec l'Administration des ponts-et-chaussées.

Ainsi les traités donnaient à ces compagnies le droit d'examen des plans ; l'administration, il est vrai, s'était réservé le droit de décision.

L'administration ayant cru, par exemple, devoir modifier quelques-uns des plans annexés à la loi, les com-

pagnies qui voyaient des causes de retard dans ces modifications, se plaignirent. Des motifs plus légitimes de plaintes leur furent d'ailleurs bientôt donnés.

Lorsque M. de Villèle avait demandé à la Direction des
ponts-et-chaussées des projets de canaux, on y avait recueilli à la hâte les documens, plans et devis qui y exis-
taient, et, sans examen plus approfondi, on en avait produit
au ministre les résultats généraux, résultats nécessairement
très-incomplets ; car, pour la presque totalité, ils ne s'ap-
puyaient d'aucun des travaux préparatoires sur lesquels on
peut établir de bonnes évaluations. Ainsi, pour la plupart
de ces canaux, après la loi de concession, au lieu de se
mettre à l'œuvre, on se mit à l'étude. Les ingénieurs allè-
rent porter des niveaux là où le public supposait qu'ils
conduisaient de nombreux et actifs ateliers. Pour le canal
latéral à la Loire, par exemple, trois années furent employées aux études, et à la fin de la troisième année, la
compagnie prêteuse avait versé 2,400,000 et prélevé l'intérêt de ces fonds, et l'administration n'avait guère encore
employé sur cette somme que 500,000 fr. en études. Ce fait
paraîtrait incroyable, s'il n'était puisé dans les rapports annuels dressés par l'Administration des ponts-et-chaussees, sur
les canaux exécutés en vertu des lois de 1821 et 1822 (1).

(1) Ce canal latéral à la Loire a été l'un de ceux où les estima-
tions ont été le plus fortement dépassées ; on ne l'avait évalué qu'à
dix millions, il en coûtera probablement vingt-cinq.

L'illustre auteur du canal du Centre, Gauthey, avait rédigé
les projets du canal latéral à la Loire, et sentant bien que le canal
du Centre, l'œuvre capitale de sa vie, ne rendrait tous les services
qu'il en avait espérés, qu'autant que la navigation de la Loire serait améliorée, ou plutôt remplacée, Gauthey, dans le désir de

L'on comprend que les compagnies prêteuses, qui voyaient par d'aussi longs retards reculer l'époque où elles entreraient en jouissance des produits du canal, élevèrent des plaintes très-vives sur la négligence de l'administration des ponts-et chaussées, et, à cet égard, sans aucun doute, leurs reproches n'étaient que trop fondés.

Puis à mesure que ces compagnies acquérant quelque expérience des travaux publics, commencèrent à s'apercevoir que les sommes qu'elles avaient prêtées seraient insuffisantes pour l'entier établissement des canaux, leurs plaintes

déterminer le gouvernement à faire cette dépense, chercha à la réduire le plus possible, et avait proposé pour la traversée de l'Allier, qui se jette dans la Loire par la rive gauche sur laquelle est situé le canal, des ouvrages très-économiques.

Mais les progrès faits par la science de l'ingénieur depuis vingt ans, démontraient trop clairement l'insuffisance des moyens proposés par Gauthey. La navigation n'eût été nullement affranchie par ces ouvrages des difficultés et des lenteurs auxquelles on voulait la soustraire. Au bout de trois ans d'études, le conseil des ponts-et-chaussées prit la sage détermination de prescrire un pont-canal sur l'Allier, en sorte que de Digoin à Briare, la navigation sera complétement indépendante du fleuve. Le pont-canal de l'Allier coûtera seul deux et peut-être trois millions.

Cette première détermination a mis sur la voie d'une autre mesure plus importante encore. Nous venons de voir que le canal latéral est sur la rive gauche; les deux canaux du Centre et de Briare, qui débouchent en face des deux extrémités de ce canal à Digoin et à Briare, arrivent à la Loire par la rive droite, et sont aussi séparés du canal latéral par la Loire et par toutes les irrégularités et les obstacles que présente sa navigation. On a proposé deux ponts-canaux sur la Loire pour réunir les canaux du Centre et de Briare au canal latéral, et affranchir ces trois canaux de l'in-

redoublèrent; et c'est à ces plaintes, partant de ce qu'il y avait de plus honorable dans la haute industrie de France, trouvant par conséquent de nombreux et de faciles échos, et envenimées par tous les adversaires du pouvoir, dont le nombre était grand alors, qu'il faut attribuer surtout les préventions devenues si profondes et si générales aujourd'hui contre l'intervention du gouvernement dans les travaux publics, et la facilité avec laquelle on a fait prévaloir le système de l'intervention des compagnies, livrées à leurs seules ressources pour l'exécution de ces travaux.

Les détails que nous venons de donner montrent sans doute combien ces préventions sont mal fondées, au moins dans ce qu'elles ont d'essentiel; car nous ne cherchons pas à pallier la coupable négligence du directeur des ponts-et-

certitude de la navigation fluviale. Ces deux ponts-canaux coûteraient environ trois à quatre millions.

Il y a tout lieu d'espérer qu'on se déterminera à faire de si beaux et si utiles travaux.

Et, remarquons-le, la société seule peut exécuter d'aussi vastes entreprises; car la société seule peut y trouver un bénéfice certain.

Des compagnies particulières, livrées à leurs seules ressources, ne peuvent se permettre de telles dépenses. Il est bien remarquable que les plus beaux travaux publics de l'Angleterre ont, en définitive, constitué pour les compagnies qui ont cru devoir les exécuter les entreprises les plus onéreuses. Le canal d'Ellesmère, où se trouvent les deux beaux ponts-canaux de Chirk et de Cysilty, est l'un des canaux les moins productifs de l'Angleterre; le Tunnel sous la Tamise ne peut s'achever, faute de présenter l'espoir de produits suffisans : les deux magnifiques ponts de Waterloo et de Southwark à Londres donnent à peine 1 p. %, à leurs actionnaires. Aussi le gouvernement a-t-il été obligé de se charger de la construction du nouveau pont de Londres.

chaussées de cette époque, bien qu'elle ne nous fasse pas oublier les services qu'a rendus d'ailleurs cet administrateur, homme bon, honorable, mais qui, pour s'être fait l'instrument trop docile, trop empressé, des désirs d'un ministre, a fait peser de si injustes reproches sur le corps qu'il dirigeait.

Car il est bien évident que les ingénieurs des ponts-et-chaussées ne sont nullement responsables de la précipitation avec laquelle d'anciens projets ont pu être recueillis et présentés sans leur participation ; et c'est à eux, au contraire, qu'il faut reporter le mérite de tout ce qui s'est fait dans ces immenses constructions depuis dix ans.

Or, à cet égard, il faut bien remarquer que jamais plus vaste opération de travaux publics ne fut exécutée. Les mille lieues de canaux existant en Angleterre ont été construites, pour la plus grande partie, dans un espace de trente années. La France ne s'est proposé rien moins que d'exécuter, en onze à douze ans, cinq cent trente lieues de lignes navigables, entreprise vraiment grande, et qui acquiert plus d'importance encore quand on sait combien elle a développé d'hommes du talent le plus élevé dans le corps des ponts-et-chaussées. Ce n'est pas que beaucoup de fautes n'aient été commises ; mais ceux qui s'en sont fait une arme ignorent combien de fautes peuvent être reprochées aux ingénieurs anglais, et ont été couvertes par eux à force d'argent, dans l'exécution des canaux d'Angleterre.

Au reste, voici des chiffres qui fixeront complétement l'opinion à cet égard.

Sur les cent trois canaux dont se compose le système de canalisation de l'Angleterre, quarante-trois, ayant un développement de 1244 milles anglais, ont coûté 8,103,016 livres sterling, ce qui revient, en mesures et monnaies de France, à 101,136 fr. le kilomètre (1).

Or les canaux anglais de grande section sont de dimensions inférieures à celles qui ont été arrêtées pour les nôtres. La largeur des écluses des canaux anglais, grande section, est de 4^m,20; celle des nôtres de 5^m,20; leur largeur, au plafond, de 7^m,20; celle des nôtres de 10^m; leur tirant d'eau de 1^m,50; celui des nôtres, 1^m,65.

Nous avons vu que la longueur des canaux exécutés en vertu des lois de 1821 et 1822 est de 2,145 kilomètres.

Nous avons vu aussi que les sommes qui y ont déjà été affectées se montent à 163,000,000

On a demandé pour les terminer.... 77,000,000

Mais nous supposons encore que l'on n'ait pas complétement calculé toutes les dépenses qui pourront être nécessaires après l'ouverture des canaux pour l'étanchement, et autres frais imprévus; il y a d'ailleurs à ajouter les appointemens des ingénieurs chargés de la construction, et nous porterons encore une somme qui paraîtra énorme sans doute, mais nous ne voulons pas rester au-dessous de la vérité. . 50,000,000

TOTAL. 270,000,000

Ce qui fait, pour 2,145 kilomètres, 121,000 fr. par kilomètre; mais il faut bien remarquer qu'une petite partie des 2,145 kilomètres est en petite section, ce qui peut

(1) Dutens, *Histoire de la Navigation de la France*, t. II, p. xvij.

faire porter le prix des nouveaux canaux de France , en grande section , à 125,000 fr. par kilomètre.

Ceux d'Angleterre ont coûté 101,000 fr. ; mais ils sont de dimensions inférieures aux nôtres, et, pour que la comparaison soit juste , il faut réduire le prix de ceux-ci à 115,000 fr. au moins.

Si l'on se reporte maintenant au chapitre II, et que l'on pèse les augmentations de dépenses que créent, pour les canaux de France, les difficultés naturelles , bien plus grandes qu'en Angleterre, on reconnaît que ces difficultés doivent certainement ajouter au moins un septième au prix de construction ; et qu'ainsi l'on est bien dans la vérité quand on affirme que les cinq cent trente lieues de canaux terminés en ce moment par le corps des ponts-et-chaussés ne coûteront pas relativement plus cher que les canaux exécutés par les compagnies de l'Angleterre.

Tels seront donc les résultats de cette opération si amèrement critiquée.

Mais si ces résultats définitifs, en ce qui concerne la dépense d'établissement de ces cinq cent trente lieues de lignes navigables, ne sont pas onéreux au pays, ainsi qu'on le lui a fait penser, il faut bien reconnaître que momentanément cette opération a eu les plus fâcheuses conséquences , en faisant peser sur le corps des ingénieurs d'injustes préventions, et en établissant contre eux, de la part des capitalistes, une méfiance qui paralyse tous les efforts qui restent à faire en France pour achever l'établissement de ses communications intérieures.

Nous avons montré que cela tenait aux collisions qui s'étaient élevées entre les compagnies prêteuses et l'Administration des ponts-et-chaussées. En donnant à ces compagnies, dont l'influence sur le public était grande, de justes motifs de plainte, on a jeté les esprits dans la voie où nous les voyons engagés aujourd'hui. De ce que l'Administration avait fait des fautes, on a conclu qu'elle était absolument incapable, ainsi que le corps qu'elle dirige, et qu'à l'intérêt privé seul pouvait appartenir la conception et la direction des travaux publics. Et pour assurer aux compagnies particulières toute leur indépendance, on a voulu qu'elles n'eussent rien à demander au gouvernement, afin que celui-ci n'eût à se mêler de rien.

Il y a évidemment dans un tel système toute l'exagération de la réaction, et c'est pourquoi nous croyons que le moment est venu de l'attaquer, et nous avons la ferme conviction d'y réussir, aidés de tous ceux, et le nombre en devient grand, qui partagent notre opinion.

Nous renvoyons aux chapitres qui terminent l'ouvrage, quelques observations sur le système financier des traités de 1821 et 1822. Nous ne les avons pas introduites ici, parce qu'elles ne touchent qu'indirectement à la question principale que nous nous proposions de traiter dans ce chapitre.

CHAPITRE IV.

Résumé des chapitres précédens. — Nécessité de n'en pas tirer la
conclusion rigoureuse, et de faire la part des préjugés encore
existans. — Recherches d'un système qui, sans heurter ces préjugés, rende possible l'exécution de grands travaux publics en
France.—Principes posés à cet égard. —Questions à examiner.
—Indication sommaire du système.

Nous avons montré dans notre premier chapitre combien
avait été nécessaire et utile l'intervention du gouvernement
dans l'exécution des principaux travaux publics de France,
routes ou canaux, dont le pays serait encore privé, s'il avait
dû attendre que des compagnies particulières pussent les
entreprendre par l'espoir d'y trouver un profit suffisant.

Dans le second, nous avons fait connaître comment s'est
fondée la canalisation de l'Angleterre par compagnies concessionnaires, et établissant la comparaison entre l'Angleterre et la France, nous avons prouvé que, sous tous les
points de vue, la France est beaucoup moins bien partagée
que l'Angleterre pour l'établissement de ses travaux publics,
et qu'ainsi ces travaux doivent y offrir bien moins d'avantages aux compagnies. Des faits ont constamment fourni la
preuve de nos argumens.

Enfin, dans notre troisième chapitre, nous avons fait

connaître l'opération financière au moyen de laquelle s'exécutent les principaux canaux de France, et nous avons
montré que ces canaux ne coûteront pas relativement plus
cher à la France, exécutés par le corps des ponts-et-chaussées, que n'ont coûté à l'Angleterre ses canaux exécutés
par des compagnies.

Des faits et des argumens présentés dans ces trois chapitres, l'on pourrait donc conclure (et bien des argumens encore viendraient, pour cette conclusion, à l'appui de ceux
que nous y avons présentés) qu'il est dans l'intérêt de
toute la société que le gouvernement se charge de l'exécution des routes, canaux ou chemins de fer que réclament
l'industrie et l'agriculture; que ces travaux seront aussi
bien exécutés par lui que par des compagnies, et que le pays
en jouira beaucoup plus tôt.

Telle n'est cependant pas notre conclusion, et nous en
avons déjà indiqué les motifs dans notre avant-propos et
dans notre premier chapitre. L'on ne fait sortir la société
d'une mauvaise voie où elle a été conduite par ses préventions qu'en faisant une large part à ces préventions; or, en
ce moment, nous l'avons dit plusieurs fois, le sentiment
général est très-hostile à l'intervention de l'état dans les
travaux publics comme constructeur.

Faire effort pour déraciner immédiatement de la société
ce sentiment qui y a si profondément pénétré, et pour lui
en inculquer un tout opposé, serait donc aujourd'hui une
œuvre fausse, et annoncerait, de la part de ceux qui l'entreprendraient, une aussi grande ignorance de la manière dont
s'accomplit tout progrès social, que les efforts de ceux qui
veulent que les travaux publics soient exclusivement exé-

cutés par les compagnies, sans aucune intervention de l'état, prouvent une profonde ignorance des faits et des véritables intérêts du pays.

Il n'y a de système proposable aujourd'hui, avec espoir de le voir facilement sanctionné par l'opinion publique, que celui qui consisterait à confier à des compagnies l'exécution des travaux publics, en leur rendant cette nature d'entreprise accessible, au moyen d'une subvention du gouvernement.

Encore ne peut-on espérer d'obtenir la sanction de l'opinion publique à ce système, que si les subventions de l'état étaient combinées de telle sorte que la charge qui en résulterait pour tous fût pour ainsi dire insensible.

Car il existe aujourd'hui un si profond sentiment de la mauvaise répartition des impôts, et il est si peu permis encore d'entrevoir comme très-prochain le moment où la société se délivrera enfin du poids accablant des armées permanentes, que l'on ne pourrait fonder aucun espoir de succès sur un système qui devrait beaucoup ajouter aux charges, qui, par les impôts mal répartis et infructueusement employés, pèsent aujourd'hui sur la société.

Telle est la première recherche à laquelle notre association a cru devoir se livrer, comme base fondamentale de tous ses travaux ultérieurs.

Dans cette recherche, nous sommes partis des principes suivans :

1° La presque totalité des travaux publics de France ne peut fournir aux compagnies qui les entreprendraient un revenu suffisant pour les fonds qui y devraient être consacrés. Tout ce qui précède a fourni une démonstration, que nous croyons complete, de ce premier fait pris par nous comme fondamental.

2° Les efforts que font les compagnies pour limiter la dépense du travail qu'elles entreprennent, en en réduisant toutes les dimensions, n'abaissent pas toujours cependant cette dépense à un taux que le revenu puisse encore couvrir; et en même temps ces réductions dans les dimensions sont contraires à tous les intérêts, à celui de la compagnie exécutante aussi bien qu'à celui de la société. De tels travaux sont nécessairement à reprendre au bout de peu de temps; ou bien des entreprises concurrentes et supérieures s'élèvent, et les capitaux employés à la première entreprise sont perdus.

Nous ajouterons dans le chapitre suivant quelques développemens à cette idée.

3° Les voies de communication ne peuvent produire tout leur effet utile que lorsque le système en est complet, ou du moins très-étendu, et n'offrant pas de ces solutions de continuité qui paralysent les meilleures entreprises, ou en altèrent profondément les bons effets.

Ces principes posés, nous avons reconnu que nous devions nous livrer à l'étude des questions suivantes :

1° Deux natures de communication sont aujourd'hui en présence : les canaux et les chemins de fer. Quelle est l'utilité relative de chacun de ces deux modes de transport; l'un d'eux doit-il généralement exclure l'autre, ou bien doivent-ils être concurremment et simultanément établis, pour satisfaire à des besoins différens?

L'examen de cette question fait l'objet du chapitre suivant.

2° Dans l'état de nos voies de communication, quels canaux ou quels chemins de fer devraient être entrepris pour composer, si ce n'est l'ensemble complet des voies de communication, au moins de premiers réseaux dont toutes les parties se correspondraient, et sur lesquels pourraient ensuite s'embrancher toutes les lignes d'une importance secondaire?

Les chapitres VI et VII sont consacrés à cette question.

3° Quels autres travaux publics seraient nécessaires pour seconder l'impulsion que donnerait à notre industrie, à notre commerce, à notre agriculture, l'établissement des voies de communication, d'après le système résultant des recherches ci-dessus?

Cette question fait l'objet du chapitre VIII.

4° Ces travaux étant déterminés, et la somme nécessaire pour les exécuter étant de deux milliards, comment peut-on trouver cette somme?

5° Pour résoudre cette question, nous avons recherché en combien de tems les deux milliards devraient et pourraient être dépensés.

Nous avons reconnu qu'ils pouvaient l'être en dix ans.

6° Quelle est la quotité présumable de la subvention que le gouvernement devrait fournir dans cette somme de deux milliards, pour que les compagnies pussent fournir le reste?

7° Sous quelle forme devrait être établie cette subvention?

Nous avons reconnu que ce devait être sous forme de primes, et nous proposons que l'état, au lieu de remettre aux compagnies le capital de la prime, lui en remette la valeur en inscriptions de rentes.

Nous arrivons ainsi à un système qui n'augmente les charges de l'état que d'une manière très-insensible et progressive, et dont le résultat est qu'au bout de DIX-HUIT ans l'état a son grand-livre chargé de VINGT-CINQ millions de RENTES environ, en même temps que, sur toutes les entreprises subventionnés, il aurait PREMIÈRE HYPOTHÈQUE pour le capital nominal des primes données par lui. Ce capital serait de SIX CENT QUARANTE-SEPT millions.

Et alors toute la question s'est réduite pour nous à la solution du problème suivant :

8° *Deux milliards de travaux publics exécutés sur le sol de France en dix ans, augmenteraient-ils les revenus publics de vingt-cinq millions au bout de dix-huit ans ?*

Même en faisant abstraction de l'hypothèque prise par l'état et montant à 647 millions, le problème ci-dessus ne nous a paru pouvoir être résolu que par l'affirmative, en sorte qu'en définitive la charge imposée à l'état par notre système serait nulle. C'est ce dont on pourra acquérir la conviction en méditant les preuves que nous donnons à l'appui de notre solution dans les chapitres qui terminent l'ouvrage.

Pour que l'on puisse prendre immédiatement une idée du système, sauf à en étudier les développemens plus loin, nous en présentons ci-contre le tableau.

Pour former ce tableau, nous avons admis : 1° que la première année il ne pourrait être dépensé que 30,000,000, la mise en train de grands travaux étant toujours lente et difficile ; puis nous avons supposé une progression assez rapidement croissante jusqu'à la septième année, et décroissante ensuite vers la neuvième et la dixième.

2° Que l'état devrait garantir un intérêt de 5 % pendant l'exécution des travaux, et après l'exécution des travaux s'engager pendant un certain nombre d'années à parfaire le même intérêt, c'est-à-dire, par exemple, à fournir 2.1/2 % si les travaux en rapportaient 2 1/2.

Et alors nous avons pensé que, comme au bout de cinq ans, des travaux auraient déjà été exécutés pour 510,000,000 ainsi qu'il résulte des proportions annuelles des dépenses indiquées au tableau, et qu'une partie de ces travaux serait déjà en produit, nous ne devions plus calculer qu'à quatre et demi pour cent la masse des subventions que l'État aurait à payer ; car, admettant qu'une partie des travaux exécutés rapporterait 2, 1 1/2, et 1 %, il ne leur paierait plus que 3, 3 1/2, et 4 %, tandis qu'il paierait 5 % aux travaux non encore terminés.

Au bout de sept ans nous avons pensé que la moyenne des primes ne serait plus que de 4 %.

Puis, nous avons admis qu'au bout de dix ans, l'état, sur la totalité des deux milliards, ne paierait plus que 3 % ; au bout de douze ans, 2 % ; au bout de quinze ans, 1 %.

Ainsi s'est formée la seconde colonne de notre tableau.

3° La masse des fonds à employer étant donnée, ainsi que la prime à y appliquer, nous en avons déduit, pour chaque année, le capital de la prime que l'État aurait à payer. On voit par ce tableau qu'au bout de dix ans cette prime serait de 547,000,000, et de dix-huit ans, 647,000,000, pour lesquels nous admettons que l'État aurait première hypothèque sur toutes les entreprises.

4° Nous avons admis encore que la prime ne serait pas donnée aux compagnies en capital, mais en inscriptions de rentes 3 %; cela veut dire, ou bien que l'État ferait tous les ans un emprunt pour payer les primes, ou bien qu'il remettrait aux compagnies les coupons de rentes, pour en être fait par les compagnies ce qu'elles aviseraient, et nous croyons qu'en général cette dernière combinaison serait préférée.

Nous avons supposé le cours de la rente 3 % à 70 la première année; nous avons admis que pendant les dix-huit années la rente suivrait un cours de hausse qui la mettrait, au bout des dix-huit années, au taux où est aujourd'hui celle de l'Angleterre.

Nous avons ainsi formé les quatrième et cinquième colonnes du tableau suivant.

Ce ne sont là que les indications très-sommaires de notre système; le développement s'en trouve dans les chapitres qui terminent l'ouvrage.

TABLEAU *indiquant la quotité des Primes à fournir par l'État pendant* DIX-HUIT *ans, pour que des Compagnies particulières puissent exécuter pour* DEUX MILLIARDS *de travaux publics en* DIX *ans.*

ANNÉES.	SOMMES à employer par année.	INTÉRÊT garanti par l'État.	CAPITAL nominal de l'intérêt garanti par l'État.	TAUX de la Rente 3 %	MONTANT de la Rente à délivrer chaque année par l'État.
1re	30,000,000	5 %	1,500,000	70	64,285
2e	50,000,000	Id.	4,000,000	70,50	170,212
3e	90,000,000	Id.	8,500,000	71	359,155
4e	140,000,000	Id.	15,500,000	71,50	650,349
5e	200,000,000	Id.	25,500,000	72	1,062,500
6e	270,000,000	4 ½	35,100,000	73	1,412,464
7e	350,000,000	Id.	48,025,000	74	1,946,810
8e	350,000,000	4	59,200,000	75	2,368,000
9e	270,000,000	Id.	70,000,000	76	2,763,158
10e	250,000,000	Id.	80,000,000	77	3,116,883
TOTAUX.	2,000,000,000		347,325,000		13,943,796
11e	Idem	3	60,000,000	78	2,307,692
12e	Idem	Id.	60,000,000	79	2,278,404
13e	Idem.	2	40,000,000	80	1,500,000
14e	Idem.	Id.	10,000,000	81	1,481,481
15e	Idem.	Id	40,000,000	82	1,463,414
16e	Idem.	1	20,000,000	83	722,891
17e	Idem.	Id.	20,000,000	84	714,285
18e	Idem.	Id	20,000,000	85	705,822
TOTAUX des primes en capital et en rentes			647,325,000		25,089,241

CHAPITRE V.

De l'engouement momentané de l'Angleterre pour les chemins de fer. — Causes de cet engouement. — De la route en fer de Manchester à Liverpool. — Des solutions nouvelles données par ce travail sur la question des chemins de fer. — Chemins de fer à machines locomotives. — Des conditions de leur tracé. — De l'état de la question des chemins de fer et des canaux en France. — Des erreurs répandues sur cette question. — Comparaison du chemin de fer de Manchester à Liverpool, et de celui d'Andrezieux à Roanne. — Proposition de diviser les chemins de fer en deux classes, l'une dite *chemins de fer de premier ordre*, l'autre dite *chemins de fer de second ordre.* — — Prix de construction et frais de halage des canaux de grande et petite section. — Prix de construction et frais de traction des chemins de fer de premier et de second ordre.—Système général à en déduire pour les communications de France.

Deux natures de communication sont aujourd'hui en présence : les canaux et les chemins de fer ; quelle est l'utilité relative de chacun de ces deux modes de transport ? l'un d'eux doit-il généralement exclure l'autre, ou bien doivent-ils être concurremment et simultanément établis pour satisfaire à des besoins différens ?

Ainsi que nous l'avons dit au précédent chapitre, cette question a été la première dont nous ayons reconnu devoir nous occuper, pour jeter avec certitude les bases du système général de nos communications intérieures, et reconnaître de quels élémens principaux devait se composer ce système.

Cette question, ou du moins la première partie de cette question, a déjà été très-controversée; beaucoup d'ingénieurs ont établi des comparaisons entre les canaux et les chemins de fer; mais ç'a été, la plupart du temps, pour faire prévaloir un système exclusif; les chemins de fer ont surtout été l'objet de cette nature de tentative; on a cherché fréquemment à leur faire attribuer une préférence absolue sur les canaux.

C'est en Angleterre que cet engouement pour les chemins de fer a pris naissance; la nation anglaise fut, en 1827, saisie comme d'une fièvre de chemins de fer, à ce point qu'il n'était question de rien moins que de combler les canaux et d'établir des ornières de fer (railways) dans leur lit. A cette ardeur si incroyable a succédé une atonie complète pendant quelque temps; un seul projet a survécu, celui de Liverpool à Manchester, et ce travail a donné la solution de la question des chemins de fer. Construit avec une grande habileté, il a appris ce que l'on doit attendre de la nature de cette voie de communication, et on lui doit la renaissance de plusieurs projets de routes en fer en ce moment soumis au Parlement.

Or l'engouement pour les chemins de fer était venu précisément dans un moment où l'Angleterre, venant d'éprouver des pertes énormes dans les affaires des fonds publics étrangers, et subissant par là une forte crise industrielle et commerciale, cherchait ailleurs la cause de cette crise, et avait cru en trouver le remède dans une rénovation complète de ses voies de communication.

Ses ingénieurs contribuèrent à l'entretenir dans cette illusion, et voici comment.

On sait que, depuis le milieu du dernier siècle, l'usage des chemins de fer s'était introduit dans les mines d'Angleterre, pour le roulage des matières, dans l'intérieur de la mine; ces voies de roulage furent prolongées à l'extérieur jusqu'au point d'embarquement et de chargement, et l'économie de ce mode de transport étant bien démontrée sur le roulage par chevaux, il fut adopté par toutes les grandes exploitations d'Angleterre, et c'est ainsi que ce pays possède aujourd'hui cinq cents lieues de ces chemins de fer.

Pour l'usage auquel ils étaient destinés, on conçoit très-bien que les frais de construction n'en avaient pas dû être très-élevés; le roulage s'y opérait généralement par des chevaux ou par des machines; la plupart n'étaient qu'à une voie.

Les ingénieurs, récapitulant les frais de construction de tous ces chemins de fer, avaient reconnu qu'ils pouvaient être évalués à 55,000 fr. environ par kilomètre, tandis que les canaux en avaient coûté 90,000 fr. ; et établissant leurs calculs sur ces bases, ils en concluaient que tous les transports de l'Angleterre pouvaient s'effectuer à meilleur prix par routes de fer que par canaux.

Un moment on le crut, et des projets furent mis au jour pour plus de 1000 lieues de chemins de fer.

Mais quand, examinant de plus près, on aborda la question du tracé de ces nouvelles voies, on s'aperçut que ce qui avait été si économique pour de courtes distances, où le terrain était facile, devenait très-coûteux alors qu'il s'agissait d'un parcours plus étendu; que le tracé des chemins de fer avâit ses conditions onéreuses, ses sujétions absolues aussi bien que celui des canaux, et que l'on ne pouvait en attendre le succès que si on en maintenait les pentes dans des limites qui rendent nécessaires des terrassemens considérable.

On consulta l'expérience, et l'on s'aperçut que, dans le district de Birmingham, toutes les exploitations qui sont distantes des canaux de moins de 1,000 mètres, y communiquent par des chemins de fer, et que quand la distance est plus grande, la communication s'établit par canaux (1).

Enfin fut construit le chemin de fer de Manchester à Liverpool, et ce chemin a coûté, pour 31 milles anglais, 820,000 liv. st., soit 413,000 fr. par kilomètre. Cette dépense est énorme sans doute; mais l'on a dû vaincre des difficultés extraordinaires.

Nous avons dit que cette entreprise avait donné la véritable solution de la question des chemins de fer; et d'abord, tandis que l'on comptait que cette voie nouvelle servirait surtout au transport des marchandises, et que l'on avait très-peu fait entrer dans le calcul celui des voyageurs, il se trouve que le produit principal de cette route de fer consiste dans le transport des hommes, et qu'il ne s'y transporte guère que 80,000 tonneaux de marchandises, tandis qu'il y passe près de 400,000 voyageurs.

Les voyageurs composent donc le principal revenu de la route de Manchester à Liverpool, et cela tient à ce que les pentes de ce chemin sont très-faibles, que les machines locomotives peuvent y marcher avec une vitesse de 36 à 40 kilomètres à l'heure, et que la possibilité de faire en une heure un quart les 50 kilomètres qui séparent Liverpool de Manchester, a triplé le nombre des voyages entre ces deux villes depuis l'ouverture du chemin de fer.

En même temps, ainsi que nous le disions plus loin, les frais de traction sont beaucoup moindres sur les chemins en fer construits de manière à être servis par des machines locomotives, que par ceux où il faut employer des chevaux ou des machines fixes par suite de la raideur des pentes.

Mais, pour que des machines locomotives puissent parcourir un chemin en fer sur toute son étendue, il faut remplir certaines conditions qui sont bien déterminées aujourd'hui par l'expérience des chemins de fer de Manchester à Liverpool.

1° Les pentes n'y doivent pas dépasser un centième;

2° Les plans inclinés qui ont cette pente ne doivent pas avoir plus de 2,500 m. de long;

3° Le plan qui précède un tel plan incliné doit avoir une pente beaucoup plus faible, afin que les machines locomotives puissent être lancées sur ce plan avec une vitesse supérieure à la vitesse moyenne, et qu'elles puissent gravir le plan incliné au moyen de ce surcroît de force; elles arrivent au sommet du plan incliné à un centième avec une vitesse très-faible.

Telle est la principale sujétion du tracé des chemins de fer servis par machines locomotives, et l'on comprend très-bien que cette condition doit, en général, entraîner à des dépenses considérables de terrassement. C'est ce qui explique l'énorme dépense du chemin de fer de Manchester à Liverpool, dépense double de celui de Saint-Étienne à Lyon, et presque quintuple de celui d'Andrezieux à Roanne. (*Voir* la note A à la fin de l'ouvrage.)

De très-grandes difficultés ont dû être vaincues sans doute dans l'établissement du premier de ces chemins ; des tranchées considérables, le souterrain d'arrivée à Liverpool, et la traversée des marais de Chat, ont entraîné à de très-fortes dépenses.

Mais remarquons en même temps que si le chemin de fer d'Andrezieux à Roanne est d'un prix si inférieur à celui de Manchester à Liverpool, c'est entre autres motifs : 1° parce que les terrains y ont été beaucoup moins chers (53 francs par mètre courant sur le chemin de fer de Manchester à Liverpool ; 6 francs 50 centimes sur celui d'Andrezieux à Roanne) ;

2° Parce que les pentes du chemin de fer d'Andrezieux à Roanne étant beaucoup plus fortes, les terrassemens y ont été moins considérables (127 francs par mètre courant sur le chemin anglais, 16 francs sur le chemin français).

Il y a dans le chemin de fer d'Andrezieux à Roanne ;

Un plan incliné de 6,600 m., qui a une pente de 0,0097,

Un plan incliné de 2,250 m., qui a une pente de 0,04,

Un plan incliné de 2,250 m., qui a une pente de 0,039,

Un plan incliné de 1,890 m., qui a une pente de 0,045.

Ces plans ne pourront être servis que par chevaux ou par

machines fixes, et, si l'on consulte la note A à la fin de l'ouvrage, on verra que les frais de traction sont bien plus
coûteux dans ce cas que par machines locomotives.

On a fait, il y a plusieurs jours, sur le chemin d'Andresieux à Roanne l'essai d'une machine locomotive; mais d'a-
près les détails donnés sur cette expérience, c'est sur le plan
de la Coise à Balbigny que cet essai a eu lieu : or, les pentes y sont de 0,00125, et de 0,0008. A la descente, la vitesse
a été de 22,000 m. à l'heure, et dans quelques instans de
56,000 m. A la remonte, elle a été plus faible (1).

Ainsi une différence considérable sépare le chemin de
fer d'Andresieux à Roanne de celui de Manchester à Liverpool, quant à la rapidité et à l'économie du transport; et ce
n'est pas ici, de notre part, un reproche à l'habile ingénieur
qui a conçu et dirigé cette entreprise; il est bien évident
que les localités ne permettaient pas une dépense plus forte
que celle qu'il a faite.

Mais il est essentiel que cette différence capitale soit
bien connue, afin que l'on ne voie plus le charlatanisme exploiter à la fois le bas prix du chemin de fer de Roanne à
Andresieux, et les magnifiques résultats de celui de Liverpool à Manchester, pour induire en erreur les capitalistes
français.

Pour simplifier désormais notre pensée et nos proposi-
tions, nous appellerons *chemins de fer de premier ordre* les
chemins de fer construits dans les conditions auxquelles on
a assujetti le chemin de fer de Manchester à Liverpool, pour

---

(1) *Journal du Commerce* du 5 août 1831, extrait du *Vulcain*,
journal de Saint-Étienne.

qu'il pût être parcouru dans son entier par des machines locomotives; et nous appellerons *chemins de fer de second
ordre* ceux où, tendant à l'économie de la construction
plus qu'à l'économie et à la rapidité du transport, on n'aura
pas évité les fortes pentes, comme au chemin de fer de
Roanne à Andrésieux.

Ce n'est pas que nous pensions que les chemins de fer du
premier ordre ne devront, dans aucun cas, avoir de fortes
pentes servies par machines fixes; il y a des localités où
leur emploi est forcé. Nous ne pensons pas non plus que les
machines locomotives seront exclues des chemins de fer du
second ordre; il est bien clair, par exemple, que sur celui
d'Andrésieux à Roanne, la portion de la Coise à Balbigny
sera servie par machines locomotives; mais un tiers de ce
chemin a des pentes de plusieurs centièmes; nous le mettons au nombre des chemins de fer de second ordre.

Maintenant disons un mot de l'état de la question des
chemins de fer en France.

Elle s'y est présentée dans les circonstances les plus favorables pour faire attribuer à ces nouvelles voies de transport un avantage décidé sur les voies navigables.

Ainsi que nous l'avons déjà indiqué sommairement, et
qu'on le verra plus en détail au chapitre suivant, les canaux de France, pour la presque totalité, sont isolés et
sans liens entre eux; il n'existe pas en France une seule ligne
de navigation complète; partout des canaux aboutissant à
des rivières dont la navigation est dans le plus mauvais
état.

En telle sorte qu'il n'est vraiment pas possible d'asseoir
aucune donnée vraie sur ce que pourrait être la canalisa-

tion complète de France, et de calculer, soit les dépenses du fret, soit les avantages qui en résulteraient, quand on n'établit ses calculs que sur les canaux jetés çà et la sur le territoire, tels que nous les avons aujourd'hui.

C'est cependant ce que l'on a toujours fait quand on a voulu établir des comparaisons entre les canaux et les chemins de fer.

On a généralement suivi la méthode suivante :

On a pris pour exemple les canaux les plus chers de France, soit comme prix de construction, soit comme prix de fret, résultant du grand nombre de leurs écluses ou des habitudes de lenteur contractées dans la navigation de ces canaux, par suite du peu d'activité du commerce qui les emploie.

Pour le prix des chemins de fer, au contraire, on a pris les données des ingénieurs anglais, données qui, ainsi que nous l'avons vu plus haut, ne sont nullement applicables aux chemins de fer, établissant de grandes communications, et qui ont été complétement infirmées par celui de Manchester à Liverpool.

On a ainsi promis, comme nous le disions plus haut, aux capitalistes, des résultats semblables à ceux qu' s'obtiennent sur cette route, en même tems qu'on leur présentait des devis qui seraient tout au plus suffisans pour la construction de chemins de fer où l'on n'aurait pas évité les fortes pentes, et où le transport ne pourrait par conséquent s'opérer, ni avec autant de rapidité ou d'économie, ni avec autant d'avantage pour la compagnie exécutante, que sur celui de Manchester à Liverpool.

C'est ainsi que des spéculateurs ont été sur le point d'égarer l'opinion publique en France sur cette question, secondés d'ailleurs qu'ils étaient par la prévention qu'avait attachée aux canaux l'inexactitude des devis de ceux qu'exécute en ce moment le gouvernement.

Nous mettons au nombre des premiers devoirs que notre association doive remplir, celui de détruire, à force de persévérance, les notions fausses répandues dans le public sur les chemins de fer, non pas que nous soyons les adversaires de cette nature de voies de communication, mais parce que, convaincus au contraire qu'elles ont beaucoup d'avenir, nous croyons que les efforts qui sont faits en ce moment par quelques spéculateurs pour en faire établir sur de mauvais principes, tendent à compromettre pour long-temps la construction de chemins de fer semblables à celui de Manchester à Liverpool, et dont le pays a un impérieux besoin.

Guidés par les idées que nous venons d'exposer, nous avons cherché à établir une comparaison, la plus exacte possible, entre les canaux et les chemins de fer, sous le rapport des frais de construction et des frais de halage ou de traction.

Nous sommes arrivés aux résultats suivans, dont tous les détails sont consignés dans la note A.

Nous n'avons pas besoin de dire, d'ailleurs, que ces résultats n'ont de valeur que pour une grande étendue de canaux ou de chemins de fer. Ce sont des prix *moyens* que les localités peuvent faire beaucoup varier.

1° Prix de construction de canaux de grande section, par kilomètre.   125,000 fr.

2° Prix de construction de canaux de petite section, par kilomètre. — 65,000 fr.

5° Fret sur les canaux de grande section, par tonneau et par kilomètre. — 0ᶠ,015

4° Fret sur les canaux de petite section, par tonneau et par kilomètre. — 0ᶠ,02

5° Prix de construction des chemins de fer, servis par machines locomotives, sauf des exceptions rares, absolument commandées par des localités dont les difficultés ne pourraient être surmontées que par machines fixes, y compris le matériel des machines, par kilomètre. — 160,000 fr.

6° Prix de construction de chemins de fer servis par des chevaux ou des machines fixes, ou par des machines locomotives ne pouvant prendre qu'une faible vitesse ou traîner un faible poids en raison de la raideur des pentes, par kilomètre. — 70,000 fr.

7° Ce prix, pour n'établir d'abord qu'une seule voie, en faisant d'ailleurs les travaux de terrassement pour deux voies, peut se réduire par kilomètre, à — 45,000 fr.

8° Frais de traction sur les chemins en fer de premier ordre, par tonneau et par kilomètre. — 0ᶠ,04

9° Frais de traction sur les chemins de fer de second ordre. — 0ᶠ,08

Il est un article de dépenses sur lequel il a été présenté beaucoup de conjectures ; c'est le coût d'entretien comparé des chemins de fer et des canaux. Nous pensons que cette dépense doit être très-variable ; mais, en général, nous sommes portés à croire que les frais d'entretien des chemins de fer sont sensiblement supérieurs à ceux des canaux, et que, sur les chemins de fer, ils augmentent avec la circulation, tandis qu'il n'en est pas ainsi sur les canaux.

On a beaucoup argumenté contre les canaux des interruptions que les gelées et les réparations apportaient dans leur navigation. Cette observation est juste, et l'on peut admettre que la navigation des canaux bien administrés est nécessairement suspendue pendant vingt-cinq à trente jours par an, tant pour les réparations que pour les gelées.

Mais c'est là un bien faible inconvénient pour la nature des matières qui circulent sur les canaux, et dont le commerce est toujours obligé de faire des approvisionnemens pour plusieurs mois, approvisionnemens bien peu coûteux d'ailleurs eu égard au peu de valeur de ces matières.

Mais les chemins de fer présentent aussi un inconvénient qui peut quelquefois être assez grave, c'est celui de ne pouvoir transporter les matières d'un volume et d'un poids un peu fort. Le cahier des charges des deux chemins de fer, en ce moment en exécution, leur réserve la faculté de refuser ces matières. C'est qu'en effet la force des *rails* n'est calculée que pour un poids donné, et que les chemins de fer ne pourraient opérer le transport des matières très-lourdes, transport très-facile pour les canaux, que si on en augmentait la dépense, qui pourrait être alors de beaucoup supérieure à celle des canaux.

De tout ce qui vient d'être dit il résulte pour nous, de la manière la plus positive, que dans les comparaisons qui ont été établies entre les canaux et les chemins de fer, on a généralement fait entrer des élémens de calculs inexacts, et qui devaient nécessairement fausser les résultats. Cela nous paraît tenir à ce que ces comparaisons s'établissent, pour la plupart, dans l'intérêt d'un système, et qu'on y a fait ainsi les erreurs auxquelles entraîne toujours l'esprit de système, prenant d'une part tous les faits favorables, et de l'autre tous ceux qui ne le sont pas. Les conclusions qu'on en a tirées, savoir, que les chemins de fer étaient destinés à remplacer les canaux, et que tous les capitaux devaient se porter sur cette nouvelle nature de communications, nous paraissent à la fois erronées et fâcheuses; erronées, car on fait espérer des chemins de fer des services qu'ils ne peuvent rendre qu'à la condition inévitable d'être beaucoup plus coûteux qu'on ne l'a dit; fâcheuses, parce que l'on a détourné les capitaux de la confection des lignes navigables, sans lesquelles cependant on ne peut arriver à voir établir et prospérer de grandes routes en fer sur tout le territoire.

Ces derniers mots renferment notre conclusion; nous pensons que le système général des communications, en France, ne doit pas se composer de canaux ou de chemins en fer, mais, 1o *pour les réseaux de premier ordre, de canaux de grande section* ET *de chemins de fer de premier ordre, c'est-à-dire servis par des machines locomotives;* 2o *pour les réseaux secondaires, de canaux de petite section ou de chemins de fer de second ordre, c'est-à-dire ser-*

vis par des chevaux ou des machines fixes ; le choix à faire
de l'un ou l'autre de ces moyens de transport secondaires
dépendant des localités.

Les transports se divisent aujourd'hui en transports par
terre et en transports par eau ; les premiers sont pour les
hommes et les matières chères, les seconds pour les matières
de bas prix.

Les routes de fer à machines locomotives sont le perfectionnement le plus avancé des transports par terre, comme
les grandes lignes navigables artificielles et indépendantes
des fleuves sont le perfectionnement le plus avancé des
transports par eau.

Les hommes et les matières chères vont par terre en ce
moment, parce que le tems du voyage ou l'intérêt des fonds
compose pour eux la quotité de dépenses la plus forte, et que
la condition la plus essentielle, parce qu'elle est la plus économique pour eux, c'est la *rapidité*.

Les matières premières de bas prix, les combustibles,
les matériaux de construction vont par eau, parce que leur
valeur sur le lieu de production étant très-faible, l'intérêt
des fonds qu'ils représentent est très-faible aussi ; qu'ainsi
pour eux la durée du transport est de peu d'importance,
et que la condition la plus essentielle, parce qu'elle est la
plus économique, c'est le *bas prix du moteur transpor-
tant*.

Les hommes et les matières chères appartiennent donc
aux routes en fer à machines locomotives ; le prix de transport sur ces routes sera de 50 ou 60 % plus faible que par
les routes de terre, en même temps que le temps des voya-

ges sera très-raccourci, et ainsi s'accroîtra de beaucoup la circulation des hommes et des matières de prix.

Les matières premières de bas prix, les combustibles, les matériaux de construction appartiennent aux lignes navigables artificielles, qui transporteront aussi plus vite et plus économiquement que les voies d'eau actuelles, et, en réduisant le prix des matières premières, diminueront aussi celui des matières fabriquées, et contribueront par là à accroître puissamment la circulation de ces matières sur les routes en fer à machines locomotives.

Et ces grandes lignes de communication seront servies par des canaux de petite section ou par des chemins de fer à chevaux et à machines fixes, suivant que les localités auront dû faire préférer l'un ou l'autre de ces moyens de transport.

En résumé, le partage des hommes et des marchandises entre les routes et les voies navigables signale l'existence de deux sortes de besoins, d'une part la rapidité, de l'autre le bas prix des transports. La canalisation de la France, destinée à satisfaire ce dernier, exige encore d'immenses améliorations; le premier ne sera satisfait que par un système de routes en fer distribuées convenablement sur la surface du royaume.

C'est ainsi que ces deux modes de communication, considérés jusqu'à présent comme devant s'exclure l'un l'autre, nous paraissent destinés à atteindre deux buts différens, et à concourir ainsi, chacun dans sa sphère, à hâter l'avenir industriel de la France, dont ils satisferont les besoins divers. Ainsi, loin de regarder comme perdu ou comme destiné à périr le capital immense employé en France en travaux de navigation artificielle, ajoutons encore à sa valeur en en complétant le système; accompagnons ce vaste ensemble de transports par eau d'un ensemble aussi vaste de transports par routes en fer; et que les canaux et les routes en fer, loin de se nuire par leur concurrence, contribuent à leur prospérité commune, en facilitant l'échange de plus en plus facile et économique des matières premières et pesantes, contre les produits fabriqués et de grande valeur.

CHAPITRE VI.

———

Considérations générales sur l'établissement du réseau de communications du premier ordre, canaux ou routes en fer. — Jonction par canaux des différens bassins de France. — Lacunes qui existent encore dans cette jonction des bassins. — Insuffisance de ce système. — Imperfection de la navigation de nos fleuves. — Exemple. — Isolement des ports français de la navigation artificielle de l'intérieur. — Ce qui en résulte. — Conséquences à en déduire pour le système de canalisation.
Principes généraux pour le grand réseau des chemins de fer de premier ordre. — Indication sommaire de ces routes. — Leur prix.

Le système général de nos communications intérieures doit se composer, avons-nous dit dans le chapitre précédent :

1º Pour les réseaux de premier ordre, de canaux de grande section, et de routes en fer à machines locomotives;

2º pour les réseaux secondaires, de canaux de petite section et de chemins de fer servis par des chevaux et des machines fixes.

Nous nous proposons dans ce chapitre d'exposer les considérations générales qui nous paraissent devoir présider à l'établissement des réseaux de premier ordre, canaux et routes de fer; nous traiterons d'abord de ce qui est relatif à la canalisation.

Le territoire de la France se divise, sous le point de vue hydrographique, en quatre bassins principaux, savoir : les bassins du Rhône, de la Gironde, de la Loire et de la Seine, et en vingt-trois bassins secondaires, dont les principaux sont ceux de l'Adour, de la Charente, de la Vilaine, de la Rance, de la Somme, de l'Escaut, de la Meuse, de la Moselle, du Rhin, de l'Hérault et du Var.

Les travaux de canalisation exécutés jusqu'à ce moment ont eu pour but de mettre en communication les principaux de ces bassins.

Ainsi, pour la jonction des deux principaux, ceux de la Loire et de la Seine, nous avons :

1° Le canal de Briare, le premier canal d'Europe, commencé sous Henri IV, et dont l'acte de concession date du règne de Louis XIII, 1638 ;

2° Le canal d'Orléans, concédé en 1692;

3° Le canal du Nivernais, concédé en 1822;

Pour la jonction du bassin de la Seine avec celui du Rhône par la Saône;

4° le canal de Bourgogne, commencé avant la Révolution, et définitivement concédé en 1822;

Pour la jonction du bassin de la Seine avec ceux de la Somme et de l'Escaut;

5° Le canal Crozat. — 1738.

6° Le canal Saint-Quentin. — 1810;

Pour la jonction du bassin de la Seine avec celui de la Meuse :

7° Le canal des Ardennes. — 1822;

Pour la jonction du bassin de la Loire avec celui du Rhône et de la Saône :

8° Le canal du Centre. — 1791 ;

Pour la jonction du bassin du Rhône avec celui du Rhin :

9° Le canal du Rhône au Rhin. — 1822;

Pour la jonction du bassin de la Loire avec les bassins de la Vilaine, de l'Aulne et de la Rance :

10° Le canal de Nantes à Brest.— 1822 ;

11° Le canal d'Ile et Rance;

Pour la jonction du bassin de la Gironde avec celui du Rhône :

12° Le canal du Languedoc. — 1680.

Ainsi, il reste encore à établir les communications suivantes :

1° Entre le bassin de la Seine et ceux de la Moselle et du Rhin; cette lacune a donné lieu au projet du canal de Paris à Strasbourg, dont les études ont été faites par M. Brisson, et dont nous parlerons au chapitre suivant;

2° Entre le bassin de la Loire et le bassin de la Gironde; M. Brisson (1), inspecteur-divisionnaire des ponts-et-

(1) *Essai d'un système général de navigation intérieure*, pages 20 à 24.

chaussées, a proposé de remplir cette lacune par un canal qui remonterait la Vienne (affluent de la Loire), entrerait dans le bassin de la Charente et gagnerait la Drôme (affluent de l'Ile, laquelle tombe dans la Dordogne;

M. Deschamps (1), inspecteur général des ponts-et-chaussées, indique aussi ce canal, mais avec quelques différences dans le tracé. Nous en parlerons au chapitre suivant;

5° Entre le bassin de la Gironde et celui de l'Adour; cette lacune a donné lieu à plusieurs projets, au nombre desquels doivent se remarquer surtout ceux proposés par M. Deschamps (2).

D'autres lacunes peuvent encore être signalées dans nos canaux à point de partage, notamment une jonction entre la Basse-Seine et la Basse-Loire, et une jonction entre la Haute-Loire et la Dordogne.

Une pensée principale a long-temps présidé à tous les systèmes généraux de canalisation proposés pour la France, c'était celle de la jonction de la Méditerranée à l'Océan par l'intérieur du royaume. Les écrits de Strabon et de César portent les traces de cette pensée, et on comprend quelle importance on devait y attacher dans un tems où la navigation maritime était si arriérée. Cette pensée se retrouve plus positive dans les mémoires de Sully, et lorsque le meil-

(1) *Travaux à faire pour l'assainissement et la culture des landes de Gascogne, et canaux de jonction de l'Adour à la Garonne.* Paris, 1832.

(2) Même ouvrage

leur et l'un des plus habiles de nos rois, Henri IV, faisait entamer le canal de Briare, il y voyait la première réalisation de cette grande idée. Alors encore, on comprend qu'une grande importance y fût attachée, l'état de guerre presque permanent de toutes les nations européennes devant faire désirer à la France d'ouvrir à son commerce du Nord au Midi une route à l'abri des hostilités.

Aujourd'hui une telle conception est évidemment fausse, aussi bien que celle, par exemple, qui a fait ouvrir le canal de Nantes à Brest (l'approvisionnement du port de Brest en temps de guerre); mais, sous l'empire d'une conception que le progrès des sociétés européennes doit faire écarter, de belles lignes navigables se sont construites, et la France leur sera redevable du développement de son industrie et de son commerce (et, par exemple, au canal de Nantes à Brest, de l'accélération de la civilisation de la Bretagne), faits bien autrement importans que des approvisionnemens en temps de guerre, que des routes à l'abri des hostilités, puisque ce sont ces faits eux-mêmes qui tendent à mettre un terme à l'état de guerre

C'est surtout parce qu'il semblait réaliser la pensée de la jonction des deux mers, que le canal du Languedoc avait acquis tant de célébrité, et que long-temps il fut décoré du nom fastueux de Canal des deux mers.

Ce fut un des motifs qui contribua le plus à déterminer l'exécution du canal du Centre, puisque ce canal semblait ouvrir la dernière barrière qui séparât l'Océan de la Méditerranée, Marseille du Havre. Un même bateau pouvait, en effet, remonter le Rhône et la Saône, arriver sur la Loire par le canal du Centre, la descendre jusqu'au canal de Briare, arriver de là sur la Seine et la descendre, venant d'un port méditerranéen, jusque vers un port de l'Océan. Mais cela ne s'est jamais accompli.

D'autres communications existent entre Marseille et le Havre, mais par la mer.

Le fret de Marseille sur le Havre est de 50 à 60 fr. par tonneau, plus l'assurance. Le seul fret de Marseille à Lyon, par le Rhône, est en ce moment de 60 à 65 fr., plus l'assurance.

Nous avons déjà sommairement indiqué les causes d'un tel état de choses; il tient à l'imperfection vraiment inouïe de la navigation de nos fleuves.

Écoutons, par exemple, l'illustre ingénieur à qui l'on doit le canal du Centre, décrivant la portion de la Loire qui sépare ce canal du canal de Briare.

« La Loire (1) est moins rapide que le Rhône; mais sa navigation est plus pénible et plus dispendieuse que celle de ce fleuve en remontant, parce que l'on ne peut établir, comme le long du Rhône, un chemin de halage, et principalement entre Digoin et Briare, eu égard à l'instabilité du courant, qui change à presque toutes les crues, à la grande étendue de son lit et au peu de consistance des bancs de sable qu'elle laisse après les inondations; les bœufs de halage, et même les hommes que l'on emploie quelquefois, ne peuvent marcher sans enfoncer dans des sables mouvans que laisse ce fleuve dans toutes les parties où se sont étendues les inondations.

» Les inconvéniens de la descente ne sont pas moins

_____

(1) *Mémoires de Gauthey*, publiés par M. Navier, t. III.

considérables que ceux de la montée; la Loire est basse la plupart du temps; ses crues sont assez fréquentes, mais durent peu; on profite des moindres crues pour partir de Digoin; mais il arrive souvent que, pendant le trajet, la rivière venant à baisser, les bateaux s'engravent et sont obligés de s'arrêter plusieurs jours. On ne les charge guère, pour cette raison, que de trente à trente-cinq milliers; s'ils l'étaient davantage, *ils toucheraient* plus souvent et le transport durerait plus long-temps, circonstance qui oblige à employer *trois* bateaux sur la Loire pour recevoir les marchandises d'*un seul* bateau du canal du Centre, et les reverser dans un bateau du canal de Briare, ce qui occasione des frais d'autant plus considérables, que les bateaux de la Loire ne remontant pas ce fleuve, on est forcé de les vendre à Paris à vil prix. Le trajet de Digoin à Briare se fait quelquefois en cinq ou six jours, et en sept à neuf lorsqu'on n'éprouve pas d'obstacle; mais souvent on est bien plus d'un mois. »

« La remonte ne se fait guère qu'avec de grandes voiles, lorsque le temps est favorable; elle se fait en douze à quinze jours, mais le plus souvent il faut *plus d'un mois* et *quelquefois deux ou trois....* »

Ce sont les difficultés vraiment incroyables de la navigation de la Loire qui ont déterminé l'exécution du canal qui lui est latéral de Digoin à Briare, et où la navigation pourra, *régulièrement et en charge entière*, s'opérer en cinq à six jours.

Les difficultés de la navigation de la Seine et du Rhône, sans être aussi considérables, sont telles cependant que toute marchandise dont la valeur est de 1,500 à 2,000 fr. par tonneau, a plus d'avantage à prendre la voie de

7

terre parallèle a ces fleuves, qu'à se servir des bateaux qui les remontent.

Les choses en sont à ce point que ces canaux à point de partage, que nos aïeux regardaient comme le complément des fleuves de France, comme les derniers liens des lignes de navigation intérieure traversant tout le territoire, lignes dont, suivant eux, presque tous les frais avaient été faits par la nature, ne sont plus aujourd'hui pour nous que les premiers anneaux d'une chaîne qu'il faut étendre le long de nos fleuves, et dont ces fleuves ne seront plus partie en général, que comme moyen d'alimentation des canaux latéraux qui les remplaceront.

Cette création de canaux, ainsi isolés dans l'intérieur du royaume, a présenté un grave inconvénient, c'est qu'à l'exception du port de Dunkerque, sur lequel converge et s'appuie tout le groupe des canaux du département du Nord, tous nos ports de mer sont restés très-éloignés des navigations artificielles.

Ainsi, dans le bassin de la Seine, le canal Saint-Denis est le canal le plus voisin du Havre, et il s'en trouve à une distance de 531,000 mètres, soit 83 lieues.

Dans le bassin de la Loire, le canal d'Orléans est le canal le plus voisin de Nantes, et il s'en trouve à une distance de 520,000 mètres, soit 80 lieues.

Dans le bassin de la Gironde, le canal du Languedoc est à 286,000 mètres, soit 71 lieues de Bordeaux.

Dans le bassin du Rhône, le canal du Centre est le canal le plus voisin de Marseille, en marchant vers le Nord, et il en est à une distance de 460,000 mètres, soit 115 lieues.

Tandis que les quatres premiers canaux de l'Angleterre, ainsi que nous l'avons vu (chapitre ii, pages 41 à 45), avaient mis en communication les deux villes les plus manufacturières de l'intérieur, Manchester et Birmingham, avec les deux ports les plus actifs, Londres et Liverpool, tandis que les autres grandes lignes de navigation (chapitre ii, page 46), débouchent dans les fleuves qui conduisent aux ports principaux, à de faibles distances des ports de mer, et dans des parties dont la navigation est facile ou bien a été facilement améliorée, en France la navigation maritime et la navigation artificielle sont restées complètement en dehors de leur sphère d'activité réciproque. Nos ports sont demeurés sans moyens de communication économique avec l'intérieur, puisqu'ils ne peuvent encore y expédier leurs envois que par terre ou par des fleuves d'une remonte de plus en plus difficile; ils continuent à communiquer entre eux, de l'Océan à la Méditerranée par la mer, malgré le long détour du détroit de Gibraltar; le cabotage de Marseille sur Bordeaux est plus actif que la navigation du canal du Languedoc; et notre marine marchande voit ses progrès s'accomplir lentement et péniblement, en présence des progrès si rapides, si heureux des pavillons anglais, américains, hollandais, parce que ces pavillons appartiennent à des ports où aboutissent de l'intérieur de grandes lignes navigables artificielles, au moyen desquelles leurs importations se distribuent à bas prix. L'Angleterre consomme par tête 6 à 7 kilogrammes de sucre ; en France il ne s'en consomme que 2 kil. 1¡2.

Il est d'autant plus urgent de mettre un terme à un tel état de choses, qu'il ne s'agit pas seulement pour le commerce français de l'approvisionnement du pays en denrées ou matières exotiques, mais de celui aussi de l'Allemagne centrale, dont les ports de France, et notamment du bassin de la Seine, sont les ports naturels. Quelques développemens sur ce point ne seront pas superflus.

Les désastres dont le commerce de la France, et celui de l'Espagne, de la Hollande, et d'autres nations encore, a été frappé de 1789 à 1815, ont tous tourné au profit du peuple que sa position appelait à conserver l'empire des mers, lorsque le Nouveau-Monde n'avait pu encore élever son pavillon rival, et que l'Europe était ébranlée par les guerres continentales de la fin du dernier siècle et du commencement de celui-ci.

L'Angleterre, depuis la paix, a suivi avec constance et vigueur la carrière qu'elle s'était ouverte pendant la guerre. Sa prospérité commerciale est arrivée à un point extraordinaire, et on a pu croire pendant quelque temps qu'elle parviendrait au monopole de l'approvisionnement des autres nations en matières exotiques. C'est par suite de ce développement inouï de commerce que se sont créés les magnifiques entrepôts de Londres et de Liverpool, et que le marché de ces deux villes a dominé tous ceux du continent.

Mais une longue paix, en rendant aux nations les forces et la richesse qu'elles ont pu perdre par la guerre, tend à rétablir entre elles l'équilibre, ou tout au moins les appelle à prendre une plus juste part au mouvement et à la fortune générales.

Telle est, en peu de mots, et pour ces quinze dernières années, l'histoire des nations maritimes de l'Europe; il n'est pas une d'elles qui ne fasse effort aujourd'hui pour s'affranchir du marché anglais; il est évident, en effet, que c'est un état de choses forcé que celui qui concentre les matières destinées aux consommations de l'Europe dans les entrepôts de Londres, d'où les matières ne peuvent sortir que pour aller à un autre port, qui les expédie enfin à leurs points de consommation.

Cette station intermédiaire sur un point tout-à-fait excentrique, ces manutentions inutiles ne peuvent résister longtemps encore aux efforts des villes maritimes de l'Océan, de la Baltique et de la Méditerranée. Ces villes tendent toutes à accroître leurs relations avec les lieux de production, et à opérer ainsi directement et sans l'intermédiaire de l'Angleterre l'approvisionnement de la partie du territoire qui les avoisine.

Dans cette lutte des ports européens contre les ports anglais, et même des ports européens entre eux, les circonstances physiques, le climat, la nature du territoire, l'hydrographie, la position géographique, forment les élémens qui doivent rester victorieux, car ils sont impérissables; les circonstances politiques peuvent en suspendre les effets, mais elles ne peuvent détruire ces causes premières, et l'état de paix leur rend toute leur influence.

C'est ainsi que Hambourg et Anvers, par l'heureuse combinaison de leur position géographique et hydrographique, ont été des premières à constituer des marchés qui peuvent aujourd'hui soutenir la concurrence du marché de Londres pour toute la partie de l'Allemagne qui se trouve dans la sphère d'activité de ces deux villes.

C'est ainsi que la France, par le bassin de la Seine et le Havre, doit arriver à reconquérir l'approvisionnement de l'Allemagne centrale, qui a été enlevé à la France par l'Angleterre, et qui est aujourd'hui disputé au bassin de la Seine par Londres et par le bassin du Rhin et de l'Escaut.

C'est par de grandes voies de communication que la France peut s'assurer cette conquête pacifique.

Et c'est en dirigeant aujourd'hui le système de sa canalisation, d'après la conception que nous venons de présenter, qu'Elle rendra à son pavillon son ancienne prospérité, et qu'Elle pourra soutenir la concurrence des autres pavillons. Le système de canalisation doit avoir aujourd'hui pour but principal de perfectionner le système hydrographique dont la nature a doté chacun des bassins qui forme l'ensemble du territoire, de manière *à ce que les transports par eau, de* L'INTÉRIEUR *et de* L'EXTÉRIEUR, SE LIENT ENTRE EUX *et se fortifient par des lignes contenues et d'une navigation facile, économique et régulière.*

Les considérations qui viennent d'être présentées suffisent pour nous guider dans l'indication des lignes navigables qui, avec une partie de celles aujourd'hui existantes ou en construction, doivent composer le réseau de grande navigation de la France. Nous renvoyons au chapitre suivant le détail de ces canaux.

Ces considérations nous guideront aussi dans le tracé des routes en fer de premier ordre, et dès à présent dans la détermination des points principaux qu'elles doivent mettre en communication; car nous ne nous proposons pas, dans cette première publication, de donner notre opinion détaillée sur le tracé des diverses routes. En raison même des conditions d'art auxquelles elles doivent satisfaire, leur tracé doit être très-profondément étudié, et, dans une aussi grave question, rien ne se doit hasarder légèrement.

Mais ce qui nous paraît dès à présent démontré, c'est que les routes en fer à machines locomotives qui, ainsi que nous le disions au chapitre précédent, sont le perfectionnement le plus avancé des moyens de transports par terre, doivent, comme les routes dites royales ou de premier ordre, avoir pour centre la capitale du royaume.

Leur produit principal doit consister en transports d'hommes et de matières chères; c'est autour de la capitale que s'effectuent le plus de déplacemens d'hommes et de matières chères; c'est entre la capitale et les principales villes du royaume que des circulations de cette nature ont principalement lieu; c'est donc entre la capitale et les principales villes du royaume que ces routes doivent être tracées.

Le service des postes s'effectue par les routes royales; les routes de fer à machines locomotives sont évidemment destinées à faire le service des postes, et le centre de ce service est à Paris.

Les grandes lignes de navigation ont surtout à pourvoir aux premiers besoins de la consommation et de l'industrie; mais les routes en fer participeront au mouvement administratif non moins qu'au mouvement industriel; leur bu principal est d'établir une communication la plus rapide possible du centre aux extrémités.

Les canaux auront surtout pour résultat de mettre en valeur chacune des parties du territoire; les routes en fer les rallieront entre elles et leur donneront l'unité et la force nécessaires au développement de l'industrie autant qu'à l'action administrative.

Si l'on porte son attention, d'ailleurs, sur le cas de guerre, hypothèse dont la réalisation nous paraît de moins en moins prochaine et possible, on voit que le système que nous proposons devrait être nécessairement adopté; que la capitale du royaume devrait être le centre des routes en fer, en y ajoutant toutefois cette condition, qu'elles fussent reliées à leur extrémité par une autre route en fer parallèle aux frontières de terre, et le long de laquelle pourraient se porter instantanément les forces nécessaires à la défense des points frontières attaqués. La conviction dont nous sommes pénétrés des difficultés qui tous les jours s'opposent plus grandes à une guerre européenne (et toute guerre contre la France aurait bientôt pris ce caractère) cette conviction ne nous permet pas d'insister davantage sur l'utilité des routes de fer pour la défense du territoire. Au reste, ceux qui désireraient avoir plus de détails sur ce point, les trouveront dans le *Compte rendu trimestriel de l'association polytechnique* pour juillet 1852, où est inséré l'extrait d'un mémoire de deux d'entre nous sur les chemins de fer. La partie extraite de ce mémoire est celle relative aux avantages des chemins de fer pour la défense du territoire.

Nous croyons donc que le réseau des grandes routes en fer à machines locomotives doit se composer des parties suivantes :

1º Route de Paris à Valenciennes, Lille, Calais;

2º Route de Paris au Havre;

5º Route de Paris à Strasbourg;

4º Route de Paris à Lyon et Marseille;

5° Route de Paris à Bordeaux, avec embranchement sur Nantes;

6° Route de Bordeaux sur Lyon;

7° Route parallèle aux frontières du Nord.

L'ensemble de ces routes doit composer environ 3,500 kilomètres, qui, à 160,000 fr. le kilomètre, feraient une somme totale de 560,000,000 fr.

Nous croyons devoir terminer ce chapitre en déclarant que les tracés qui ont été proposés jusqu'ici pour de grandes communications par chemins de fer ne nous paraissent pas bien conçus; nous croyons que l'on n'y a pas tenu compte des conditions d'art que doivent remplir les routes en fer, pour rendre les services que l'on s'en promet et que l'on promet au public. Les devis qui ont été répandus sont évidemment beaucoup trop faibles, et nous nous attacherons avec une persévérance inébranlable à le démontrer; car les mécomptes que de telles erreurs entraîneraient, pourraient retarder pour long-temps la création des routes en fer établies sur les principes de l'art et les leçons de l'expérience, et arrêter ainsi l'élan que ces routes bien construites doivent inévitablement donner au travail et à la civilisation.

—

CHAPITRE VII.

-    - --

En entrant, comme nous allons le faire, dans le détail des divers travaux de canalisation à exécuter en France, nous n'avons pas la pensée que nos indications puissent être définitives; notre conviction est absolue sur la nécessité et sur l'utilité de combiner, comme nous l'avons indiqué dans les deux chapitres précédens, les canaux de grande et petite section, avec les chemins de fer de premier et de second ordre; nous croyons que ce système indiqué par nous est neuf; nous nous attacherons, dans nos publications subséquentes, à le développer encore; mais c'est parce que nous introduisons une pensée nouvelle dans le système général des communications de France, que nous sommes plus exposés à nous tromper sur les détails de ce système ; peut-être avons-nous proposé des travaux qui ne seraient pas utiles, peut-être en avons-nous omis qui seraient indispensables. Nous appelons et nous espérons, à cet égard, les conseils et les renseignemens de tous ceux qui s'occupent de ces matières si graves, si importantes pour le développement des forces matérielles du pays.

Nous n'avons pas besoin de dire que, pour tout ce qui concerne les travaux de canalisation, nous avons eu principalement recours aux beaux ouvrages déjà souvent cités par nous de MM. Brisson et Dutens.

Nous diviserons ce chapitre en cinq sections : les quatre premières traiteront des lignes de navigation à ouvrir dans les quatre principaux bassins, et la cinquième des travaux de ce genre à exécuter dans les bassins secondaires.

PREMIÈRE SECTION.

BASSIN DE LA SEINE.

Nous avons vu, dans le chapitre précédent, que ce bassin est déjà mis en communication avec ceux qui l'entourent, par cinq canaux à point de partage, terminés ou en exécution, savoir : les canaux d'Orléans, de Briare, de Nivernais, de Bourgogne, des Ardennes et de Crozat.

A ces lignes navigables il faut ajouter, dans l'intérieur du bassin :

1° Le canal du Loing formant la continuation des canaux de Briare et d'Orléans, et venant déboucher dans la Seine à 126,000 mètres environ au-dessus de Paris.

2° Les canaux de l'Ourcq, de Saint-Denis et de Saint-Martin ayant pour but, le premier d'amener de l'eau à Paris, soit pour y être distribuée dans l'intérieur de la ville, soit pour alimenter les deux autres, qui ouvrent un débouché de la haute à la basse Seine à travers Paris, et épargnent aux bateaux les lenteurs et les dépenses d'une navigation difficile de la Briche à Bercy et le passage de quinze ponts.

5° Des travaux d'amélioration en cours d'exécution dans la rivière d'Oise, depuis Chauny, où debouche le canal Crozat. Ces travaux consistent en un canal latéral depuis Chauny jusqu'à Port-Pintrelle, sur une longueur de 54,800 mètres; le reste de la navigation de l'Oise, jusqu'à son embouchure dans la Seine, sera amélioré par des barrages éclusés sur une longueur de 86,000 mètres environ. Ces travaux sont exécutés par la compagnie Sartois, à des conditions analogues à celles que nous avons fait connaître au chapitre III, et conformément auxquelles cette compagnie exécute les canaux de la Somme et des Ardennes.

4° Le canal Saint-Maur, de 1,150 mètres de longueur, et remplaçant 20,000 de navigation difficile sur la Marne.

5° Le canal Cornillon, de 570 mètres de long, servant à éviter les difficultés et les détours de la Marne dans la ville de Meaux.

6° Des travaux d'amélioration dans la haute Seine, entre Marcilly et Troyes.

7° Une écluse construite à Pont-de-l'Arche, près de

Rouen, pour racheter la chute que formait la rivière, sous les arches de ce pont, à cause la faible ouverture de ces arches.

Telle est, en ce moment, la situation de la navigation artificielle dans le bassin le plus riche et le plus peuplé de France, dans la partie du territoire où se trouve la capitale du royaume, son premier port pour le commerce extérieur, le Havre; son second port pour le cabotage, Rouen, qui est en même temps sa ville de fabriques la plus importante. C'est un fait à peine explicable que cette absence presque complète de toute amélioration, par exemple, sur la partie du fleuve qui joint Paris avec Rouen et le Havre; sur un cours de 551,745 mètres, un seul perfectionnement, l'écluse du Pont-de l'Arche !

Les cours d'eau du bassin de la Seine présentent, il est vrai, en général, une navigation moins difficile que celle des rivières ou fleuves des autres bassins, et cela s'explique bien en remarquant que les montagnes qui enceignent ce bassin ne sont que des branches très-inférieures de la grande Dorsale européenne qui entre en France par les Alpes et y projette les Cévennes et les Pyrénées; c'est dans ces chaînes de premier ordre que prennent naissance le Rhin, le Rhône, la Garonne, la Loire et leurs principaux affluens, tous fleuves et rivières dont la navigation est généralement difficile et irrégulière, et le régime torrentiel, par suite de la rapidité que leur donnent leur grande pente et l'élévation de leurs sources.

C'est dans le Jura et dans les Vosges, branches secondaires de la grande Dorsale, que prennent naissance la Meuse, la Moselle, le Doubs, la Saône, fleuves d'une moindre pente et d'un régime moins irrégulier que ceux dont nous venons de parler.

C'est enfin des Vosges que s'avance vers l'ouest la branche secondaire des Faucilles qui projette au Nord le long rameau de troisième ordre, dit des monts d'Argonne et des Ardennes occidentales, où l'Ornain, l'Aire et l'Aisne ont leurs sources, et qui, s'infléchissant brusquement à l'Ouest, donne naissance à l'Oise, vient former la ligne de faîte et de quatrième ordre de la Haute-Normandie, d'où s'écoulent les petites rivières du Thérain, de l'Epte, de l'Andelle et de Lillebonne.

Cette même branche des Faucilles projette, au Midi, le plateau de Langres et les monts de Morvan, chaînes de troisième ordre, où la Marne, l'Aube, la Seine, l'Yonne et l'Armançon prennent leurs sources, et qui se terminent par le long chaînon de quatrième ordre qui forme le plateau d'Orléans, et la ligne de faîte de la Basse-Normandie, d'où s'écoulent le Loing, l'Essone, l'Eure, l'Yton et la Rille.

Ainsi la Seine et ses affluens prenant naissance dans des montagnes de troisième et quatrième ordre, et leurs sources étant généralement moins élevées que celles des fleuves des autres bassins de France, leur navigation est généralement aussi, comme nous le disions, moins difficile. Toutefois une partie de cet avantage est détruit par le déboisement presque complet du bassin de la Seine, d'où résultent une différence considérable des hauteurs d'eau de la saison pluvieuse à la saison sèche, et une grande rapidité et beaucoup de violence dans les crues.

L'on cite des crues de la Seine où les eaux se sont élevées

de 8m.10 au-dessus de son étiage; les grandes crues ordinaires sont de 4 à 6 mètres, et, pendant les crues, toute navigation est impossible (1).

L'on trouvera des notions plus détaillées sur le régime de la Seine, dans un ouvrage publié par l'un de nous en 1829 (2), et dont nous aurons encore à parler plus loin ; nous nous bornerons à en extraire le passage suivant (3) :

« Si l'on examine quelle est la nature des marchandises qui viennent par terre du Havre ou de Rouen à Paris, et

---

(1) S'il faut prendre au pied de la lettre l'assertion de l'empereur Julien, le régime de la Seine aurait subi d'étranges modifications depuis le quatrième siècle jusqu'à nos jours. Rappelant, au prologue de son *Misopogon*, quelques détails relatifs à son séjour à Paris, il dit, en termes positifs, que le niveau de l'eau de la Seine éprouvait très-peu de variations, et qu'à cet égard, il n'y avait pas, pour l'ordinaire, de différence de l'hiver à l'été.

Ce qu'il ajoute relativement à la température ordinaire des hivers à Paris, et aux glaces qu'il avait vu charrier par la Seine, est assez conforme à ce qui se passe annuellement sous nos yeux.

En admettant que Julien n'eût pas tiré de quelques faits légèrement observés des inductions trop étendues, il faudrait peut-être attribuer cette étonnante uniformité du régime de la Seine à l'influence des vastes forêts qui ombrageaient alors son cours. On conçoit, en effet, qu'elles devaient ralentir l'écoulement des eaux pluviales, et que sous leur abri, la fonte des neiges ne s'effectuait pas aussi rapidement que sur des champs et des côteaux dépouillés. (*Extrait du travail de M. l'ingénieur L. Fresnel, sur le Tracé du canal maritime de Maisons à Vernon.*)

(2) Du canal maritime de Paris à Rouen, par Stéphane Flachat, 4 vol., 1829. Paris, Bachelier, libraire.

(3) Tom. II, pag. 83.

de celles qui viennent par eau, l'on trouve que toutes les marchandises chères, cafés, cotons, épiceries fines, viennent presque exclusivement par terre.

» Quelques-unes viennent tantôt par eau, tantôt par terre; ce sont notamment, entre Paris et le Havre, les sucres et les acajous; entre Rouen et Paris, les cuivres.

» D'autres, enfin, viennent exclusivement par eau : les vins, les sels, les savons, et toutes les matières premières de peu de valeur. »

Or, le prix moyen du fret du Havre à Paris est de 26 fr., et celui du transport par terre de 60 fr.

Pour toutes les marchandises qui viennent tantôt par terre, tantôt par eau, on peut donc conclure que les dépenses accessoires à la navigation, les débarquemens qui ont encore lieu à Rouen pour beaucoup de marchandises expédiées du Havre à Paris, et surtout les intérêts, les avaries et les assurances, ajoutent au fret, dont le prix maximum est de. . . . . 34 fr.
une dépense supplétive quelquefois plus forte que 26
puisque ces deux sommes réunies ne font que. . . 60 fr.
prix du transport par terre, et que, pour que des marchandises qui viennent souvent par eau soient expédiées de préférence par terre, il faut que l'on calcule que, dans ces momens, le fret, les intérêts, les avaries et les assurances réunis composent une somme plus forte que le prix du roulage.

Nous croyons que ce fait révèle, plus fortement que toutes les descriptions ne pourraient le faire, le mauvais état de la navigation de la Seine.

Cette imperfection si notable de la voie principale de

communication entre Paris, Rouen et le Havre, a donné lieu depuis long-temps à beaucoup de projets sur cette rivière.

Pour la partie comprise entre Rouen et le Havre, sur laquelle la circulation s'opère principalement par navires, et dont les difficultés sont bien connues, dès 1783, l'académie de Rouen avait mis au concours la question du perfectionnement de la navigation.

En 1785, Lamblardie proposa un canal maritime latéral aux falaises qui bordent le fleuve sur la rive droite, commençant au Havre, et venant déboucher à Villequier.

En 1792, Cachin proposa un canal maritime latéral à la rive gauche, commençant à Honfleur, et venant déboucher en face de Caudebec.

Lamblardie et Cachin sont deux des hommes dont les œuvres et le talent honorent le plus le corps des ponts-et-chaussées, dont ils sont morts tous deux inspecteurs-généraux.

En 1791, MM. Sganzin, aujourd'hui inspecteur-général des ponts-et-chaussées, et Forfait, depuis ministre de la marine, remontent la Seine de Rouen à Paris sur le lougre *le Saumon*, et proposent diverses coupures qui feraient éviter les sinuosités les plus fortes et les passages les plus difficiles du cours de la Seine.

En 1804, construction de l'écluse du Pont-de-l'Arche.

En 1813, décision du Conseil des ponts-et-chaussées (1)

_____

(1) Duteus, *Histoire de la Navigation intérieure de la France*, tom. I, pag. 582.

ordonnant qu'il sera établi, le long des anciens remparts de la ville de Vernon, dans l'emplacement des deux dernières arches du pont, et sous la nouvelle arche qui doit les remplacer, un canal de dérivation dans lequel il serait pratiqué une écluse à sas, pour faire franchir aux bateaux la chute de 0^m,55 que forme la Seine sous le pont de cette ville.

Cette décision n'a pas reçu d'exécution.

Vers le même temps, on décide que l'on remplacera, par un canal de dérivation de 5,887 mètres de long, la partie du cours de la Seine où se trouve le pertuis si difficile de Poses. Cette décision ne s'est également pas réalisée.

En 1823, M. de Bérigny, alors inspecteur divisionnaire, aujourd'hui inspecteur-général des ponts-et-chaussées, reçoit mission de se livrer à l'étude approfondie du cours de la Seine de Paris au Havre, et de présenter tous les projets qui lui paraîtront propres à assurer la meilleure navigation possible.

Les choses en étaient en cet état, lorsqu'au commencement de 1825, une compagnie particulière se présenta à l'autorité, déclarant qu'elle avait la conviction qu'un canal maritime, amenant à Paris les navires qui entrent au Havre, était exécutable, et pouvait présenter des produits suffisans pour les capitaux qui y seraient destinés, à la condition que cette compagnie pût réunir à son entreprise l'entrepôt de Paris, qui serait alors un entrepôt maritime.

Cette proposition, conçue en ces termes, a soulevé, sans aucun doute, l'une des plus hautes et des plus larges questions industrielles dont on se soit occupé depuis long-temps.

C'est à ce titre que nous donnerons quelque étendue à

l'examen que nous en allons faire. D'ailleurs deux d'entre nous (1) ont consacré plusieurs années à l'étude de cette question, et nous trouvant tous d'accord aujourd'hui pour lui donner une solution différente de celle qu'ils en avaient présentée, quelques développemens sont nécessaires pour motiver cette opinion nouvelle.

L'auteur de l'ouvrage *du canal maritime de Paris à Rouen* a nettement formulé la pensée qui nous paraît devoir présider à l'établissement de voies de communication entre Paris et la mer, lorsqu'il a dit (tome IV, page xxii) :

« *Ce sont les capitaux de Paris, c'est l'admirable sys-*
» *tème hydrographique qui converge sur cette ville par le*
» *Loing, l'Yonne, l'Armançon, la Marne et l'Oise; c'est*
» *cette incalculable force d'un million d'hommes si bien se-*
» *condés par les circonstances politiques et physiques qu'il*
» FAUT FAIRE INTERVENIR DANS LA NAVIGATION MARITIME
» DU BASSIN DE LA SEINE. »

Cette intervention ne lui paraissait alors pouvoir s'opérer que par un canal maritime, et voici quels étaient ses argumens à cet égard.

« Dans les bassins du Rhône, de la Gironde et de la Loire, dit-il (tom. 1er, pag. 112), tout le système hydrographique converge et s'appuie sur les trois ports de Marseille, de Bordeaux et de Nantes, et au moyen de travaux de canalisation bien entendus, ces trois ports peuvent deve-

_____

(1) Stéphane et Eugène Flachat, chargés de la direction des études du canal maritime de 1826 à 1830, et dont les vues sur cette entreprise ont été principalement exposées dans l'ouvrage dont nous avons déjà parlé, *du Canal maritime de Paris à Rouen*, rédigé par Stéphane Flachat.

nir le centre des arrivages des matières, que les consommations de ces bassins appellent, et de l'exportation des
objets que leur territoire ou leur industrie produisent.......

» Le système hydrographique du bassin de la Seine, au
contraire, vient se centraliser tout entier autour d'une
ville *intérieure*, qui se trouve être en même temps la capitale du royaume. Les deux ports du bassin ne tiennent au
système hydrographique que par un fleuve dont la navigation est longue, difficile et coûteuse, et dont le dernier affluent navigable, l'Oise, est à 286,000 mètres du port
principal, le Havre.

» Cet état de choses ne saurait trop fixer l'attention des
hommes éclairés, et il ne leur échappera pas que le moyen à
la fois le plus simple, le plus sûr et le moins coûteux, de donner à un territoire toute sa valeur, c'est d'y accomplir ce que
la nature a indiqué ; c'est d'y terminer ce qu'elle a ébauché.
Lorsqu'un point est désigné par elle pour être le centre d'un
grand système de navigation intérieure, tout ce que l'art et
la science donnent de ressources à l'homme doit être mis en
œuvre pour y amener la navigation maritime, si elle n'y
existe pas ; pour l'y perfectionner, si déjà elle y existe. »

L'auteur fixe ensuite l'attention sur un fait en effet très-
remarquable ; c'est que, tandis que dans les bassins de la
Loire et de la Gironde, Nantes et Bordeaux ont une population deux ou trois fois supérieure à celle des villes les plus
importantes de leur bassin, tandis que le même fait se produit dans les bassins du Rhône, pour Marseille, dont la population l'emporte de beaucoup sur celles de toutes les villes
de son bassin, Lyon excepté ; dans le bassin de la Seine,
au contraire, Paris, *ville intérieure*, a une population six

fois plus forte que celle de Rouen, *port de mer*, quarante-deux fois plus forte que celle du Havre, autre *ville mari-time*.

» Ainsi, dit-il (page 127), tout se réunit dans les bassins de la Loire, de la Gironde et du Rhône, pour fonder un marché à Nantes, à Bordeaux et à Marseille : supériorité de population, supériorité de capitaux, tout concourt à y établir le système le plus simple et le plus net pour les opérations de commerce, à y affermir ce que l'on peut appeler l'*unité commerciale*, c'est-à-dire la concentration sur un seul point, et sur le point le plus riche et le plus peuplé, des approvisionnemens et des échanges de territoire, pour tout ce qui peut venir par la mer et sortir par cette voie...

» Rien de semblable ne se trouve dans le bassin de la Seine.

» L'approvisionnement de ce bassin et les opérations commerciales auxquelles donnent lieu cet approvisionne-et l'exportation des produits du bassin, se divisent entre le Havre et Paris. Le Havre fait le commerce extérieur, et Paris n'y prend guère part que de *seconde main*. Rouen fait le cabotage ; mais c'est également Paris qui correspond directement avec les ports d'envoi ; Rouen perçoit une commission de passage. Cette division dans les opérations est évidemment très-fâcheuse...

» Ainsi, et de tous côtés ressort la preuve que, si tout doit être mis en œuvre pour maintenir et développer la supériorité déjà acquise par Marseille, par Bordeaux et par Nantes dans les bassins du Rhône, de la Gironde et de la Loire, sur les villes intérieures de ces bassins, les mêmes motifs, les mêmes circonstances conduisent, avec non moins d'évidence pour le bassin de la Seine, à y porter la navigation maritime au point central de la navigation intérieure, et à achever ainsi d'y fixer, autant que possible, l'unité commerciale dans la ville qui déjà domine de si haut les autres villes intérieures et les villes maritimes de ce bassin ; dans la ville dont la situation hydrographique est si heureuse, les relations commerciales si étendues, l'industrie si riche, la population si nombreuse et si éclairée, en un mot, dans la capitale du royaume. »

Les argumens qui viennent d'être présentés nous paraissent d'une haute importance, et ne pouvaient avoir d'autre solution, au temps où ils étaient présentés, qu'un canal maritime. Alors, en effet, n'était pas encore construit le chemin de fer de Manchester à Liverpool ; alors on ignorait réellement tout ce qui pouvait être obtenu des voies de communication de ce genre, et on peut s'en convaincre, par exemple, en lisant la brochure où un ingénieur justement estimé développe le projet d'un chemin de fer du Havre à Paris (1). Dans ce projet, toutes les vallées perpendiculaires à la Seine sont traversées au moyen de machines fixes ; ainsi les marchandises ont à monter et à descendre des vallées dont l'auteur estime par erreur la profondeur moyenne à 70 ou 80 mètres ; elle est de cent vingt à cent cinquante mètres. Le chemin de fer proposé par M. Navier n'aurait donc pu être servi par machines locomotives, et sans aucun doute le transport des marchandises y aurait été très-coû-

(1) Navier, *De l'établissement d'un chemin de fer entre Paris et le Havre ;* mai, 1826.

teux. Aussi l'auteur de l'ouvrage du *Canal maritime de Paris à Rouen* démontrait-il d'une manière victorieuse, selon nous (1), que ce chemin de fer ne pourrait soutenir la concurrence du canal maritime proposé.

Mais aujourd'hui l'expérience prouve que les machines locomotives sur chemins de fer bien construits pour cet objet peuvent facilement parcourir 30,000 mètres à l'heure ; on sait que cette vitesse est généralement de 36,000 à 40,000 mètres sur la route en fer de Manchester à Liverpool. Une telle route peut être exécutée entre le Havre et Paris ; deux machines fixes au plus y seraient probablement nécessaires. En supposant donc qu'une route en fer de Paris au Havre ait un développement de 250,000 mètres, afin d'éviter la plupart des vallées qui coupent le plateau de la Normandie, Paris, au moyen d'une telle route, se trouverait à huit ou neuf heures de distance du Havre ; à quatre ou cinq heures de Rouen.

Et alors on peut se demander si par une telle voie de communication on n'obtiendrait pas une solution satisfaisante du problème dont les termes nous ont paru si nettement posés par cette phrase que nous reproduisons ici :

« *Ce sont les capitaux de Paris, c'est l'admirable sys-* » *tème hydrographique qui converge sur cette ville par* » *l'Yonne, l'Armançon, la Marne et l'Oise ; c'est cette in-* » *calculable force d'un million d'hommes si bien secondés* » *par les circonstances politiques et physiques qu'*IL FAUT » FAIRE INTERVENIR *dans la navigation maritime du bassin* » *de la Seine.* »

(1) Tom. IV, pag. 198 à 206.

Nous croyons qu'une route en fer de Paris au Havre, passant par Rouen, et servie par machines locomotives ayant une vitesse moyenne de 30,000 mètres à l'heure est la meilleure solution de ce problème, à la condition qu'en même temps la navigation de la Seine serait améliorée pour les bateaux; car il ne suffirait pas seulement de joindre Paris, le Havre et Rouen par une voie de communication qui ne satisferait qu'à un des besoins de la circulation entre ces trois villes, *la rapidité*, il faut aussi que la seconde condition, l'*économie*, soit remplie, pour les marchandises qui la réclament impérieusement.

D'autres conditions encore nous paraîtraient devoir être remplies, mais elles ne sont que secondaires; la plus importante serait que le port du Havre constituât enfin les établissemens commerciaux qui lui manquent, et qu'une nouvelle entrée y fût construite. On trouvera les développemens nécessaires sur ce sujet au chapitre suivant.

Comparons sommairement maintenant ces diverses solutions.

Les premières études de la compagnie du canal maritime avaient pour objet un canal qui pût amener à Paris des navires d'un tonnage égal à celui des bâtimens qui entrent au Havre.

Ce canal avait pour but de *centraliser* à Paris le *commerce extérieur et intérieur*, et d'y constituer complétement ainsi l'*unité commerciale* dont nous avons vu plus haut l'utilité démontrée par des argumens qui nous semblent incontestables. Le résultat du canal devait être évidemment d'anéantir le commerce du Havre au profit de Paris.

Si aucune autre solution ne se présentait pour constituer

unitairement le commerce du bassin de la Seine, et y faire intervenir fortement la capitale du royaume, nous adhérerions à cette solution. Mais d'autres moyens se présentent et, lors même qu'ils seraient moins absolument satisfaisans que celui d'un grand canal maritime de Paris au Havre, nul doute, suivant nous, qu'ils ne dussent obtenir la préférence.

Le canal maritime de Paris au Havre était évalué (1) 153,000,000 fr.

La partie du canal comprise entre Rouen et le Havre, bien que beaucoup plus courte que celle comprise entre Paris et Rouen, entrait pour moitié dans cette évaluation ; mais les ingénieurs qui l'avaient étudiée, et les commissaires aux examens desquels leurs travaux avaient été soumis, n'avaient pas dissimulé qu'il n'était pas possible de garantir que les évaluations n'y seraient pas dépassées ; qu'on pouvait bien affirmer que les ouvrages, tels qu'ils étaient projetés , résisteraient certainement à toutes les attaques de la mer (2); mais qu'il était possible que, pendant la construction, des coups de vent ou de hautes marées causassent des avaries considérables, et en détruisant les ouvrages commencés n'amenassent d'importantes augmentations dans les dépenses (1).

(1) *Canal maritime de Paris à Rouen*, tom. IV, pag. 14.

(2) Le canal latéral à la Basse-Seine devait avoir 67,000 mètres de long, et, sur cette longueur, 35,000 mètres se composaient d'une digue longitudinale élevée sur les *laisses* de basse mer, et par conséquent constamment battue par la haute mer.

(3) Voir pour plus de détails le *Rapport de MM. de Prony, Dutens et Cavenne, sur le canal maritime de la Seine*, et un

Admettons néanmoins cette évaluation de 155,000,000 francs.

Une route en fer de Paris au Havre, passant par Rouen, et ayant un développement de 250,000 m., ne nous paraît pas, à raison des difficultés particulières du tracé (1), pouvoir coûter moins de. . . . . 45,000,000 fr.

L'amélioration de la Seine entre Paris et Rouen pour des bâteaux coûterait, ainsi qu'il est dit plus loin. 18,000,000

Pour l'amélioration de la Basse-Seine, entre Rouen et le Havre, nous porterons, conformément aux explications qui seront données ci-dessous. 5,000,000

TOTAL. 68,000,000

Différence avec le canal maritime du Havre à Paris. 85,000,000

La compagnie du canal maritime, reconnaissant qu'il ne serait pas possible de trouver les capitaux nécessaires pour cette entreprise d'un canal pouvant amener à Paris les navires qui entrent au Havre, lorsqu'il pouvait y rester une aussi grave incertitude sur la dépense, présenta alors une solution nouvelle, celle d'un canal qui amènerait à Paris les navires qui entrent à Rouen.

Dans l'ignorance où l'on était encore des avantages qui

Rapport à la Commission des canaux, par M. Brisson, sur la même entreprise.

(1) Nous publierons prochainement une étude détaillée de cette route en fer; le chiffre que nous produisons ici n'est donc que le résultat d'une étude sommaire.

pouvaient être obtenus par une route en fer, et dans l'impossibilité d'exécuter le premier canal étudié, cette solution était encore, sans nul doute, de beaucoup préférable à toute autre; car, plus qu'aucune autre, elle donnait le moyen de faire intervenir Paris dans la navigation maritime, et c'est là, nous le répétons, la base fondamentale de tout système de perfectionnement dans les voies de communication du bassin de la Seine.

Mais aujourd'hui il ne nous paraît pas que cette proposition conserve l'avantage que nous venons de signaler; il est évident qu'elle ne constituerait pas aussi unitairement le commerce du bassin de la Seine qu'une route en fer, construite de manière à être servie par des machines locomotives, et qui mettrait Rouen à cinq heures, le Havre à neuf heures de Paris. On sait le mot de Napoléon : « Paris, » le Havre et Rouen ne sont qu'une ville dont la Seine est la » grande rue ». Le mot serait complétement juste si la grande rue était un chemin de fer à machines locomotives.

Le canal maritime de Paris à Rouen était évalué 65,000,000 fr. ; mais l'augmentation dans les dimensions résultant des décisions du conseil des ponts-et-chaussées, lorsqu'il a examiné cette affaire, en aurait porté la dépense au moins à. . . . . 75,000,000 f.

A quoi il faut ajouter, pour le perfectionnement de la Basse-Seine, comme ci-dessus 5,000,000
_____

Total. . . . 80,000,000 f.

On a maintenant tous les élémens pour juger l'opinion à laquelle nous nous sommes arrêtés.

Par le système que nous proposons pour l'établissement de grands travaux publics en France, les plus vastes entreprises pourraient s'exécuter, sans doute; il suffisait qu'il fût bien établi que l'utilité en est incontestable, et qu'elles offrent le seul moyen d'obtenir le perfectionnement désiré. Mais entre deux solutions qui satisferaient à peu près également au problème, nul doute que la préférence devrait être donnée à celle qui serait la moins coûteuse.

Or celle que nous proposons pour les communications de Paris avec les deux ports du bassin de la Seine nous paraît à peu près aussi complète que celle d'un grand canal maritime de Paris au Havre, et beaucoup plus complète que celle d'un canal maritime de Paris à Rouen. La dépense en est inférieure de 80,000,000 fr. à celle du premier canal, et de 12,000,000 fr. à celle du second; donc elle doit leur être préférée.

Si l'on recherche maintenant laquelle des trois solutions donnerait le plus de produits, et demanderait par conséquent la moindre prime au gouvernement, on trouve encore que c'est celle à laquelle nous nous arrêtons. Nous avons besoin d'entrer ici dans quelques détails.

Les études faites pour le canal maritime de Paris au Havre établissaient la possibilité d'un produit de 17 à 18,000,000 fr. Ce travail se trouve dans deux ouvrages considérables qui ont eu une grande publicité en 1827 (1).

(1) *Canal maritime de la Seine. Tarifs et produits.* Grand in-folio de 264 pages, avec tableaux.

Canal maritime de la Seine. Tarifs et produits. Rapports de la Commission des négocians. Les membres de la Commission des négocians étaient MM. Ardoin, Vital-Roux, Larreguy, Lafond fils et Drouillard.

Il ressort de ces ouvrages que les auteurs des études et la commission des négocians avaient admis qu'une des économies principales, résultant d'une grande communication directe de Paris à la mer, c'était la suppression de l'intermédiaire qui existe au Havre entre les lieux de production des matières exotiques et les lieux de consommation, notamment à Paris. Il y a six à sept ans que l'intervention du Havre entre les colons producteurs de sucre, par exemple, et les raffineurs de sucre de Paris, était très-coûteuse pour Paris, parce que le Havre n'adressait pas directement des sucres aux raffineurs, mais à des négocians parisiens qui revendaient aux raffineurs, et on admettait que, par l'effet du canal maritime, ces maisons de Paris ne traiteraient plus avec le Havre, mais directement avec les producteurs. Cela se serait réalisé sans nul doute, et le canal maritime avait droit à une portion de l'économie qu'il produisait. Or le produit de ce droit était fort important.

Aujourd'hui les choses sont autrement constituées ; les maisons de Paris ont toutes, ou à peu près, successivement disparu ; le Havre a des commis-marchands à Paris, se tenant au courant des besoins de la place, ne percevant qu'une faible commission et faisant directement expédier du Havre sur Paris.

De plus, il y a six et sept ans, la navigation de la Seine était si mal organisée que la commission des négocians avait reconnu que l'on ne pouvait calculer moins de *deux mois* en moyenne pour le transport des marchandises du Havre à Paris. Aujourd'hui ce même transport s'effectue en vingt-cinq à trente jours, et l'on peut calculer que les frais du transport sur la Seine ont baissé de près de 50 p. 0|0 depuis sept ans. Or le droit du parcours du canal maritime, soit du Havre à Paris, soit de Rouen à Paris, était calculé d'après le fret tel qu'il existait alors. Les réductions opérées dans le fret nécessitent donc de fortes réductions dans les tarifs proposés pour ces entreprises, et leurs produits deviennent alors très-inférieurs à la dépense qu'ils entraînent (1).

(1) J'éprouve ici le besoin de répéter que la proposition du canal maritime date de 1825, et qu'à cette époque la différence du prix des sucres, par exemple, entre le Havre et Paris, était de 150 à 170 fr. par tonneau. Cette différence aujourd'hui n'est pas de plus de 115 à 120 fr. De plus, le fret par grands bateaux entre le Havre et Paris était en moyenne de 30 fr., et le temps de la navigation variait de 40 à 100 jours. Aujourd'hui le fret moyen est de 26 fr., et le temps de la navigation varie de 20 à 50 jours.

Ainsi, en 1825, l'entreprise du canal maritime était certainement la plus utile qui pût être proposée, et les preuves fournies à cet égard, dans les ouvrages considérables cités plus haut, ne me paraissent laisser aucun doute à cet égard.

Cela avait bien été compris par M. de Villèle, alors président du Conseil des ministres, et je n'avance rien dont je ne sois sûr en disant que l'entreprise se fût réalisée s'il fut resté au Conseil. On sait quelle était son influence sur les banquiers de France, aussi bien que de l'étranger. Il eût certainement fait former l'association financière qui se serait chargée de l'exécution de cette vaste entreprise.

Sous le ministère qui lui succéda, l'entreprise éprouva de la part de l'autorité les difficultés les plus graves; la protection spéciale que lui avait accordée M. de Villèle semblait comme la frapper de réprobation.

D'un autre côté, c'est pendant les deux années de ce ministère que se consomma la chute de la plupart des maisons parisiennes faisant le commerce de la commission sur les matières importées du Havre et consommées à Paris. Pendant ce ministère aussi, com-

La solution que nous proposons aurait-elle des produits
suffisans pour couvrir la dépense? Nous ne le pensons pas
davantage. Mais remarquons que, comme on satisfait par
cette solution à des besoins plus variés que ceux auxquels
auraient satisfait les deux canaux maritimes, l'on peut affirmer qu'on aurait à effectuer plus de transports, les marchandises de peu de valeur trouvant ce qui leur est néces-

mencèrent à s'introduire quelques améliorations dans la navigation
de la Seine.

L'entreprise du canal maritime fut donc, de 1825 à 1829, la meilleure solution qui pût être proposée pour les relations les plus économiques entre le Havre, Rouen et Paris ; et sans les circonstances
politiques, cette entreprise se fût certainement réalisée.

Je ne pense pas qu'il y ait lieu de répondre plus explicitement à
ce singulier reproche que quelques personnes ont adressé à la
compagnie, savoir, *qu'elle aurait dû prévoir les changemens
qui sont survenus* dans les relations commerciales et dans la navigation. En présence des risques qu'a courus cette compagnie,
et des études immenses auxquelles elle s'est livrée; en présence de
l'hommage rendu par les hommes les plus compétens et les plus
distingués au zèle, à la bonne foi, au talent dont elle a fait preuve
dans ces études, ce reproche, je le répète, est au moins singulier.

Le rapport de MM. de Prony, Dutens et Cavenne se terminait
comme il suit :

« Nous cédons ici à un sentiment de justice en déclarant que
» MM. les soumissionnaires du canal maritime, loin de chercher
» à se dissimuler les difficultés de cette grande entreprise, se sont
» attachés à les reconnaître pour faciliter aux actionnaires les
» moyens de les vaincre, et qu'aucun sacrifice ne leur a coûté pour
» atteindre ce but, que nous avons vu, pendant la durée de notre
» mission, être l'objet constant de leur sollicitude. »

La commission des négocians a énoncé dans son rapport : —
« Qu'elle estimait que jamais entreprise n'avait été préparée avec

saie dans un perfectionnement économique de la navigation de la Seine, les marchandises chères et les voyageurs pouvant prendre au contraire la route en fer.

En deux mots, le projet que nous présentons est certainement le plus économique et celui qui peut donner le plus

» autant de bonne foi, de soins et de maturité, et que les preuves » multipliées qu'elle avait recueillies de l'exactitude que l'on s'était » efforcé d'apporter dans cet immense et difficile travail lui parais- » saient dignes des plus grands éloges.

L'avis de la commission des canaux (composée alors de MM. Tarbé, Cavenne, Dutens, Roussigné et Legrand) commence en ces termes :

« La commission reconnaît avec satisfaction que parmi les nom- » breux projets soumis à l'administration, depuis plusieurs années, » par les compagnies qui se sont occupées de la canalisation dans » plusieurs contrées de la France, il n'en est aucun qui ait été étu- » dié avec autant de soin, et qui réunisse un aussi grand nombre » de matériaux utiles à consulter.

Enfin M. Dutens, inspecteur-divisionnaire des ponts-et-chaus- sées, s'est exprimé comme il suit, dans son ouvrage sur l'*His- toire de la navigation intérieure du royaume*, tom. II, pag. 259.

« Jamais projet n'avait été, jusqu'à ce jour, étudié avec plus de » soin, plus de talent et présenté avec plus de renseignemens, de » documens et de détails de toute espèce à la connaissance du pu- » blic, à l'examen de l'administration et à la discussion des sa- » vans, que ne l'a été celui du canal maritime de la Seine. »

De pareils témoignages seront pour tout homme impartial une réponse bien suffisante aux attaques quelquefois bien étranges et bien amères dont l'entreprise du canal maritime a été l'objet de la part d'individus ou de compagnies dont elle blessait les intérêts.

(*Note de Stéphane Flachat.*)

9

de produits, c'est-à-dire celui qui aurait à demander la moindre prime au gouvernement.

Perfectionnement de la Seine entre Rouen et Paris.

Il nous reste maintenant à faire connaître notre opinion sur les perfectionnemens de la Seine entre Rouen et Paris.

C'est encore là une question très-controversée, et où se trouvent en présence les deux systèmes qui partagent encore les ingénieurs : celui de la canalisation par barrages, ou par dérivations latérales au fleuve. Beaucoup de projets et d'écrits ont déjà été présentés sur cette matière.

Peu partisans, en général, de la canalisation par barrages, que nous ne croyons préférable que pour des cours d'eau d'un régime très-réglé (et telle n'est pas la Seine), ou bien pour des rivières très-encaissées et où ne seraient pas praticables d'autres perfectionnemens (telles sont quelques rivières du bassin de la Gironde), nous ne pensons pas qu'il y ait lieu de canaliser la Seine par barrages entre Rouen et Paris.

Un travail important (1) a été publié sur cette matière par MM. Coïc et Duleau, ingénieurs en chef des ponts-et-chaussées. Dans cet ouvrage, MM. Coïc et Duleau établissent que les 54 lieues qui forment le développement de la Seine de Rouen à l'embouchure du canal Saint-Denis se divisent en quinze espaces , dont sept, formant une lon-

(1) *Reconnaissance de la Seine de Rouen à Saint-Denis, en 1829 et 1830, et travaux proposés pour rendre cette partie de la Seine facilement navigable.*

gueur totale de 15 lieues, présentent des obstacles plus ou moins graves, tels que ponts à petites arches, pertuis ou passages étroits, trémates ou graviers hauts qui traversent tout le lit, courans rapides, etc.; et que les huit espaces intermédiaires, formant ensemble 59 lieues, sont presque entièrement exempts de difficultés, et offrent pendant les basses eaux une profondeur moyenne de deux mètres, et quelquefois beaucoup plus.

De cette alternative de passages difficiles occupant moins du tiers de la longueur totale, et de portions bonnes et pouvant devenir à peu de frais entièrement parfaites, résulte, suivant MM. Coïc et Duleau, la possibilité et la convenance d'améliorer ou d'éviter isolément chacun des passages mauvais au moyen de canaux de dérivation avec écluse à l'aval, mais sans barrage en rivière, vu la dépense énorme de constructions et surtout d'indemnités qu'ils entraîneraient, vu le dérangement qu'ils causeraient à la navigation, et pour ne changer en rien le régime général de la rivière. Ces canaux pourraient être établis sur une moitié de leur longueur dans des bras étroits qu'on isolerait du lit principal, et pour l'autre moitié à travers des plaines basses de terrains d'alluvion. On donnerait à ces canaux la profondeur que présente le reste de la rivière et l'écluse du Pont-de-l'Arche, deux mètres aux plus basses eaux.

MM. Coïc et Duleau évaluent la dépense de ces divers travaux à 15,000,000 fr.; le produit brut à 1,100,000 fr., et net à 900,000 fr.

Nous pensons que le système d'amélioration proposé par MM. Coïc et Duleau est bon, mais nous le croyons susceptible d'un perfectionnement qui en augmenterait probablément la dépense de 5,000,000 fr., et les produits dans une proportion plus forte. Nous étudions en ce moment ce perfectionnement; nous ferons prochainement connaître notre opinion sur ce point.

Amélioration de la navigation entre le Havre et Rouen.

Quant au perfectionnement de la Basse-Seine, entre Rouen et le Havre, ou plutôt entre le Havre et La Meilleraye (car le bassin compris entre Rouen et La Meilleraye est très-beau), les plus hautes questions de la science des ponts-et-chaussées s'y rattachent, et déjà aussi les hommes qui tiennent rang parmi les plus distingués dans le corps y ont apporté le tribut de leur talent. Cachin, Lamblardie père et fils, de Prony, Girard, de Bérigny, Brisson, Cavenne, Dutens, Pattu, Duleau, Fresnel, s'en sont successivement ou simultanément occupés. L'ingénieur en chef du Havre, M. Frissait, a publié récemment un ouvrage sur ce sujet (1) ; M. Frimot, ingénieur ordinaire, a aussi présenté une solution de ce grand problème (2).

L'embouchure de la Seine est soumise, jusqu'au-delà de Rouen, à l'influence de la marée; la configuration de ses rives, qui forment une baie très-large, étranglée à son embouchure par les caps du Hoc et de Honfleur, et de l'autre côté entre le Hode et Berville, puis entre Tancarville et Quillebeuf, détermine un phénomène qui se retrouve dans

---

(1) *Navigation fluviale du Havre à Paris. Amélioration de la navigation du Havre à Rouen*, 1832.

(2) *Établissement d'une navigation à grand tirant d'eau entre Paris et la mer;* 1827.

quelques rivières dont la forme d'embouchure a de l'analogie avec celle de la Seine; par exemple, la Gironde et la
rivière des Amazones. Ce phénomène porte le nom de
barre (*mascaret*, dans la Gironde), et a reçu ce nom
parce que son caractère le plus saillant est une intumescence
qui se produit dans le fleuve, et qui s'avance en le remontant aux heures de la marée ascendante. Cette invasion rapide et violente du *flot* (marée montante) dans la Seine, y
produit des déplacemens continuels dans tous les bancs de
sable qui sont à son embouchure, et y rendraient toute navigation impraticable, si le courant d'*Ebbe* (marée descen-
dante) ne rétablissait pas un chenal.

Il existe une autre cause très-grave de difficultés dans la
navigation de la Seine.

La lutte des courans montans et descendans produit entre
Quillebeuf et Villequier un long banc de sable dit la *Traverse*, résultant de l'équilibre qui s'établit, dans cette partie de la rivière, entre les deux courans. Cette explication
de la formation de la *Traverse* paraît d'autant plus fondée
que le banc de la *Traverse* avance ou recule de 4,000 mètres en amont ou en aval, suivant que l'un des deux courans devient prédominant. Ainsi, lorsque les eaux de la
Seine sont hautes, le courant descendant devient le plus
fort, et la *Traverse* descend vers Quillebeuf; elle remonte,
au contraire, vers Villequier, quand les eaux de la rivière
sont basses.

Ce banc de la *Traverse* est le plus élevé de tous ceux de
l'embouchure de la Seine; il ne s'y trouve pas plus d'un
mètre d'eau en basse mer et en temps d'étiage.

Trois natures de projets ont été présentés pour l'amélio-ration de la Basse-Seine :

1º Un canal latéral, sur la direction duquel on est aujourd'hui fixé, depuis les travaux de MM. Lamblardie père, Bérigny et Fresnel, projets qui ont été examinés, dont les moyens de construction ont été discutés et les dépenses évaluées tant par leurs auteurs que par MM. de Prony, Brisson, Cavenne, Dutens, Duleau. La dépense de ce canal latéral serait de 70 à 80,000,000 fr., à moins de désastres pendant la construction, ainsi que nous l'avons dit plus haut.

2º Des barrages à l'embouchure du fleuve, ayant pour but de maintenir les eaux à la hauteur où elles se trouvent lorsque la marée est montée, et par le moyen desquels les navires pourraient ainsi en tout temps trouver une profondeur suffisante pour naviguer en sûreté.

Les projets de barrages ont été présentés ; l'un par M. Pattu, entre le Havre et Honfleur ; la baie de Seine sur cette direction a 7,500 mètres de long ; l'autre, par M. Lescaille, entre Saint-Sauveur et Guesneville, a 2,500 mètres environ en arrière de celui proposé par M. Pattu, et dans l'endroit où la baie de Seine est le plus large (10,500 mètres) ; le troisième, par M. Sénéchal, a 9,000 mètres en arrière de celui proposé par M. Pattu, entre les caps du Hode et de Berville. Ce barrage n'aurait que 5,500 mètres de long.

Ces projets ont donné lieu à des discussions qui ont été portées devant l'Académie des Sciences, et pour la solution desquelles des vaisseaux ont été envoyés par l'État afin de faire à l'embouchure de la Seine les expériences réclamées

par les savans et les hommes de l'art. Il s'agissait principalement de déterminer quelle influence un barrage à l'embouchure de la Seine pouvait avoir sur le port du Havre,
relativement à la hauteur et à la tenue du plein des marées,
et à l'entrée et à la sortie de ce port.

M. de Prony, membre de la commission d'examen des
travaux produits par la compagnie du canal maritime, dont
faisaient partie le projet de M. Pattu et celui aussi de M. Sénéchal, a traité cette grande question dans un mémoire qui
a depuis été imprimé dans les *Annales des Ponts-et-Chaussées*, numéros de mai et juin 1831.

M. de Prony a émis l'opinion que les craintes que l'on
avait manifestées sur les effets du barrage par rapport au
port du Havre ne sont pas fondées, et cette opinion paraît
maintenant généralement partagée par les ingénieurs.

M. de Prony a examiné aussi l'effet que le barrage pourrait avoir sur le lit de la Seine, et, recherchant si les craintes
qui avaient été exprimées que le fleuve ne s'ensablât promptement sont fondées, M. de Prony a pensé qu'il n'y avait
pas lieu de concevoir cette inquiétude.

Cette partie de l'opinion de M. de Prony est encore vivement contestée, et nous croyons que cette question aurait
besoin de nouvelles études.

La dépense des barrages était estimée par MM. Pattu et
Sénéchal de 40 à 50,000,000 fr. Cette estimation nous paraît bien faible.

3° Enfin l'on a proposé des systèmes de digues ou d'épis
longitudinaux et perpendiculaires au courant du fleuve, et
au moyen desquels on rétrécirait le lit du fleuve, et on for-

cerait le courant d'Ebbe à suivre un même chenal, dont la profondeur serait ainsi toujours assurée et suffisante.

Tels sont notamment les projets présentés par MM. Frimot et Frissard.

Ces divers projets nous paraissent à peu près soumis aux mêmes objections que ceux des barrages. Au reste, nous ne croyons pas pouvoir leur opposer de meilleure autorité que celle du conseil-général des ponts-et-chaussées examinant des projets analogues pour la Gironde et la Garonne. Voici ce que porte, à cet égard, la délibération du conseil, en date du 21 juin 1825 :

« Que l'interposition proposée de digues résistantes dans » le lit de la Garonne, quelles que soient leur direction, » leur forme ou leur hauteur, n'aurait d'autre résultat que » de réduire encore plus l'aire de la section du fleuve, et » d'ajouter ainsi à la cause de la diminution de l'action du » flot, qu'il faudrait, au contraire, chercher à rappeler par » tous les moyens possibles.

» Que quand même on parviendrait, par ce moyen, à » approfondir, même à rectifier momentanément les deux » points qui forment les écueils signalés comme les plus » nuisibles à la navigation maritime, ces barres, qui sont » la suite du régime de la Garonne, des circonstances de » l'état actuel de ses rives et de son embouchure, se repro- » duiraient immédiatement et avec une augmentation de » volume sur d'autres points plus ou moins rapprochés des » passes du bec d'Ambès et de Mont-Ferrand; qu'ainsi on » aurait fait de grands frais pour reculer la difficulté, » n'obtenir non-seulement aucun résultat utile, mais pour » ajouter à la cause du mal dont on se plaint. »

Le conseil, dans la suite de cette délibération, demande l'étude d'un canal latéral à la Gironde.

On voit qu'une décision entre tant et de si divers projets est bien difficile encore, et que celle qui sera prise ne saurait être entourée de trop de lumières et d'expériences trop approfondies.

Les 5,000,000 que nous avons portés plus haut pour l'amélioration de la Basse-Seine ne sont donc relatifs à aucun de ces projets, mais seulement aux perfectionnemens qui, dès-à-présent, pourraient être établis, savoir : 1o l'établissement ou la réparation des chemins de halage de la Meilleraye à Rouen; 2o la construction de quelques posées et des réparations à celles qui existent; 5o le balisage bien entretenu des passes; 4o leur éclairage suivant le plan présenté par M. Legrand, capitaine de port à Rouen; 5o et enfin l'établissement de bateaux à vapeur qui, entre Berville et Caudebec, feraient rapidement franchir aux navires, pendant le plein, cette portion du fleuve où sont les principaux obstacles de la navigation.

Une telle entreprise est évidemment de celles dont, immédiatement surtout, les produits ne peuvent pas couvrir la dépense, et cependant l'utilité n'en est certes pas contestable. Les hommes les plus compétens en ont signalé la nécessité (1); nous la portons donc au nombre de celles dont

____

(1) Notamment M. Vacquerie, armateur à Villequier, dans un excellent écrit, intitulé : *Observations sur la navigation de la Seine*, 1824. Rouen, imprimerie de Périaux père.

M. Bérigny a indiqué aussi l'utilité de ces améliorations dans son *Mémoire sur la navigation maritime du Havre à Paris*, pag. 75 et 76.

l'exécution intéresse, à un très-haut degré, le pays tout entier.

Ayant ainsi déterminé quelles doivent être les voies de
communication entre Paris et les deux ports du bassin de
la Seine, examinons maintenant comment peut être perfec-
tionné tout le système hydrographique qui converge sur
Paris, par la Seine et ses affluens.

Canal latéral à la Haute-Seine et à l'Yonne.

Au premier rang nous plaçons le perfectionnement de la
Haute-Seine, de Paris à Montereau, où l'Yonne se jette
dans cette rivière. Ce perfectionnement est de la plus haute
importance ; la Seine reçoit à Moret le canal du Loing,
débouché commun des canaux d'Orléans et de Briare ;
l'Yonne, qu'elle reçoit un peu plus haut, est le débouché
des canaux du Nivernais et de Bourgogne.

En considérant l'importance des belles lignes de navigation dont nous venons de parler, et la nécessité de les compléter par des voies de communication aussi régulières,
aussi faciles que ces canaux eux-mêmes, nous croyons qu'il
ne faudrait pas se contenter, sur la Seine ni sur l'Yonne,
d'une canalisation par barrages, qui serait fort coûteuse
d'ailleurs sur ces deux rivières, et qu'il est bien préférable
d'établir un canal latéral à la Seine jusqu'à Montereau, et à
l'Yonne jusqu'à Auxerre, où débouche le canal du Nivernais.

La dépense de ces travaux peut être évaluée savoir : pour
la Seine, 120,000 mètres à 90,000 f. le kilomètre, en raison

des facilités du terrain et du très-petit nombre d'ouvrages
d'art. 10,800,000 f.

Et 115,000 mètres de canal latéral à
l'Yonne, à 100,000 f. . . . . 11,500,000 f.

TOTAL. . . . . . 22,500,000 f.

La dépense de cette entreprise ne serait certainement pas
couverte de quelque temps par ses produits, puisqu'elle aurait à lutter contre la descente de rivières assez faciles. Nous
observons, toutefois, que si une telle ligne de navigation
existait, le commerce ne tarderait pas à lui donner la préférence sur la rivière; car, ni la Seine ni l'Yonne ne peuvent, pendant une grande partie de l'année, offrir aux bateaux un tirant d'eau de plus d'un mètre à un mètre trente
centimètres, tandis que le canal de Bourgogne et celui du
Nivernais ont un tirant d'eau d'un mètre soixante-cinq centimètres. Il faudrait donc décharger en partie les bateaux,
venant du canal de Bourgogne pour leur faire descendre
l'Yonne et la Seine; et l'on sait combien les déchargemens,
transbordemens, manutentions sont redoutés par le commerce; il emploierait donc sans nul doute, à la descente, le
canal latéral, qui aurait d'ailleurs toute la remonte.

Agrandissement des canaux de Briare, de Loing et d'Orléans.

Pour compléter ces lignes au midi du bassin de la Seine,
nous avons à mentionner ici les améliorations que réclament depuis long-temps les canaux de Briare, de Loing et
d'Orléans.

Le canal de Briare a généralement 8 m. au plafond et 12 m. à la ligne d'eau; ses écluses ont 4 m. 60 c., de large, et 52 m. 48 c. de long. Son tirant d'eau est de 1 m. 50 c. de large.

Ce sont là aussi en général les dimensions des canaux du Loing et d'Orléans; leurs écluses n'ont que quatre mètres 40 centimètres de large.

Or, ces dimensions sont inférieures à celles de tous les canaux de grande section de France; la largeur y est généralement de 10 m. au plafond, et de 14 m. environ à la ligne d'eau. Le tirant d'eau y est de 1 m. 65 c.; la largeur des écluses, de 5 m. 20 c., et leur longueur, de 52 m. 50 cent.

Les canaux de Briare, de Loing et d'Orléans, qui sont au centre des plus belles lignes navigables construites ou à construire, réduiraient donc les avantages de ces lignes par la faiblesse de leurs dimensions, qui obligerait, ou bien à ne pas charger à toute charge sur les autres canaux, ou bien à alléger quand on arriverait aux canaux de Briare, de Loing et d'Orléans.

Il nous paraît donc indispensable que les propriétaires de ces canaux ne tardent pas davantage à réaliser cette amélioration pour ces trois canaux, amélioration qui, si nous sommes bien informés, a déjà été provoquée par quelques hommes éclairés et influens dans ces compagnies. En tout cas, il y a là question d'utilité publique, et les propriétaires des trois canaux de Briare, d'Orléans et de Loing se mettraient évidemment dans le cas de l'expropriation, si, entendant aussi mal leurs intérêts que ceux du pays, ils ne se livraient pas bientôt aux améliorations que nous venons d'indiquer.

Nous évaluons ces travaux d'agrandissement à 8 millions.

Du canal de l'Essone.

On a proposé un canal qui ferait concurrence à celui d'Orléans, et qui lui enlèverait tous ses produits, parce qu'il pourrait opérer les arrivages sur Paris plus rapidement. C'est le canal de l'Essone, qui établirait une ligne plus courte de 67,000 mètres, que celle du canal d'Orléans entre Paris et Orléans.

Si le canal latéral de la Haute-Seine était établi, et que le canal d'Orléans fît les augmentations indiquées plus haut, nous avouons que cette différence de 67,000 mètres de long entre les deux lignes nous paraîtrait bien peu importante ; car, en supposant que les bateaux prissent, sur cette ligne navigable, une vitesse seulement égale à celle des canaux du Nord, soit 25,000 mètres par jour, la différence du temps de navigation sur ces deux lignes ne serait que de trois jours, différence vraiment peu appréciable pour des vins de bas prix, pour des vinaigres, pour des bois, et pour toutes les marchandises, enfin, qui passent sur le canal d'Orléans et prendraient celui de l'Essone.

La dépense du canal de l'Essone ne paraît pas pouvoir être moindre de 18 millions, non compris les intérêts pendant la construction, eu égard notamment aux difficultés d'établissement des ouvrages d'art dans la vallée tourbeuse de l'Essone, et aux énormes indemnités à payer aux usines qui emploient les eaux de cette rivière. De grands travaux sont nécessaires aussi pour l'approvisionnement des eaux.

Cette dépense serait elle couverte par les produits? nous ne le pouvons penser. Les revenus du canal d'Orléans sont aujourd'hui de 400,000 fr. En admettant même, ce qui nous paraît très-exagéré, que le canal de l'Essone pût enlever au roulage une petite partie des marchandises qui prennent cette voie entre Orléans et Paris, en supposant même, si l'on veut, que le produit de ce canal fût double de celui d'Orléans, on voit combien il serait encore insuffisant.

Il devrait donc être mis au nombre de ceux qui auraient à demander une subvention au gouvernement, et alors les considérations que nous venons de présenter auraient toute leur importance; il viendrait s'y ajouter encore la possibilité d'établir une autre communication par eau entre la Seine et la Basse-Loire, dont nous allons parler, et nous croyons que ces diverses considérations feraient écarter le canal de l'Essone.

Un autre point encore devrait être examiné. On a proposé un chemin de fer de Paris à Orléans : sauf étude plus approfondie, nous pensons que les grandes routes en fer à machines locomotives dont nous avons indiqué le besoin au chapitre VI, page 105, entre Paris et Lyon, et entre Paris et Nantes, ne devraient pas passer par Orléans. Mais l'on pourrait certainement diriger de la route de Paris à Nantes un embranchement sur Orléans, et le canal de l'Essone n'aurait plus aucune utilité.

Canal Brisson, ou de Paris à Angers.

Une communication nouvelle de la Seine à la Basse-Loire a été indiquée par M. Brisson, et la beauté des conceptions qui l'ont conduit à en reconnaître et à en démontrer la possibilité nous ont déjà fait penser que ce canal devrait porter son nom (1).

Le canal Brisson, partant de la Haute-Seine par la vallée de la petite rivière d'Orge, à trois lieues au-dessus de Paris, passerait par Dourdan, près de Chartres, à Châteaudun, Vendôme, la Flèche, et arriverait à la Loire par Angers. Ce canal, qui emprunterait le lit du Loir sur une grande partie de son cours, serait alimenté par cette rivière, sur le versant de la Loire, et sur le versant de la Seine,

(1) Deux d'entre nous, S. et E. Flachat, avaient présenté, au commencement de 1830, une demande en autorisation d'études détaillées de ce projet. Cette autorisation fut retardée par les oppositions du domaine d'Orléans.

Nous avions fait connaître à l'administration notre vœu sur la dénomination de ce canal, et elle l'avait agréé. Nous avions déclaré d'ailleurs que si la concession nous était accordée, notre intention était d'offrir une portion des bénéfices qu'elle pouvait nous procurer, aux héritiers de M. Brisson.

Nous mentionnons ici ce fait, persuadés qu'il suffit de le faire connaître aux compagnies qui pourraient s'occuper de cette affaire pour qu'elles voient dans cette offre aux héritiers de M. Brisson ce que nous y avions vu nous-mêmes, un devoir vis-à-vis d'un des hommes qui, après avoir rendu tant de services à son pays, est mort sans laisser de fortune à ses héritiers.

Le domaine d'Orléans ne ferait sans doute pas d'opposition au projet aujourd'hui.

par l'Eure, à laquelle on ferait une prise d'eau à Cour-
ville, à l'aval de Pontgouin, prise d'eau de l'aquéduc de
Maintenon.

Ce canal aurait 560 kil. environ, et 280 mètres de chute
environ à racheter ; M. Brisson l'évalue à 40,572,000 fr.

M. Brisson envisageait ce canal comme la première partie d'une ligne navigable qui unirait Paris à Bordeaux, les
bassins de la Gironde, de la Charente et de la Loire au
bassin de la Seine ; et c'est par ce motif qu'il proposait que
toute cette ligne fût construite en grande section.

Si l'on considère, d'une part, que le tracé de cette grande
ligne paraît à peu près celui que devrait suivre le chemin
de fer de premier ordre de Paris sur Bordeaux, et qu'il n'y a
pas lieu de croire, d'un autre côté, qu'il y passe une grande
quantité des matières pour lesquelles il importe le plus
d'avoir de grands bateaux, en raison de l'économie de
leur fret et de l'encombrement de ces matières, savoir, des
charbons et des bois, peut-être sera-t-on conduit à penser
que l'on pourrait se contenter d'établir toute la ligne navigable de Paris à Bordeaux en petite section, et cette opinion nous paraîtrait confirmée encore par cette considération que cette ligne sera parallèle à la voie de mer, dont
elle ne pourrait soutenir généralement la concurrence que
si ses tarifs étaient très-bas, et par conséquent sa construction la moins coûteuse possible. La ligne de Paris à Angers
ne coûterait, en petite section, que 22,000,000. Dans ce
cas les produits pourraient être, dès à présent, de 3
à 4 %.

Canal de la Seine au Rhin.

Passons maintenant au canal qui, par la vallée de la Marne, mettrait en communication le bassin de la Seine avec ceux de la Meuse, de la Moselle et du Rhin, unirait Paris à Bar-le-Duc, Nancy, Metz et Strasbourg.

Ce canal est, sans aucun doute, un des plus importans qui puissent être établis en France; outre la communication qu'il ouvrirait entre des provinces qui sont au nombre des plus riches, des plus éclairées, des plus industrieuses de France, il a, par rapport aux relations avec l'Allemagne, le plus haut intérêt, et l'on ne saurait trop y appeler l'attention du public et du gouvernement.

L'étude de ce canal est une des plus belles œuvres de l'ingénieur illustre dont nous venons de parler, M. Brisson (1).

Le canal de Paris au Rhin met, comme nous l'avons dit, quatre grands bassins en communication; mais son tracé est tel, qu'il doit traverser le petit bassin de la Sarre, affluent de la Moselle, comme il traverse ceux de la Meuse et de la Moselle, c'est-à-dire perpendiculairement à ces rivières. C'est donc cinq vallées qui sont unies par ce canal, d'où semblait résulter la nécessité de quatre points de partage. M. Brisson est parvenu à n'en avoir que deux, l'un entre le bassin de la Seine et ceux de la Meuse et de la Moselle, qui sont traversées toutes deux par des ponts-aquéducs, l'autre entre le bassin du Rhin et ceux de la Sarre et de la Moselle.

(1) Les ingénieurs qui ont concouru à la rédaction de ce projet, sous les ordres de M. Brisson, sont : MM. Polonceau, Dulcau, Tourneux, Mangin, Jacquiné et Husson.

Le tracé de ce canal est donné avec détails dans l'ouvrage de M. Brisson, pages 11 à 14.

La longueur du canal serait de 517 kilomètres, dont 11,900 m. en souterrain. La somme des pentes à racheter par les écluses est de 539 m.; la dépense est évaluée à 67,500,000 fr., non compris les intérêts pendant la construction. Il est à remarquer aussi que les projets ne commencent qu'a Saint-Maur, et qu'il faudrait y ajouter les améliorations à faire dans la navigation de la Seine et de la Marne, depuis ce point. C'est pourquoi nous porterons la dépense du canal de la Seine au Rhin à 70,000,000.

D'après le tracé proposé par M. Brisson, le canal devait rester dans la vallée de la Marne, de Saint-Maur à Vitry, sur 218 kil. de longueur. Nous laissons ici parler M. Dutens (1).

« Cette partie du tracé ne pouvait être arrêtée sans donner lieu à une discussion importante, dans laquelle se sont reproduites, comme dans tous les cas à peu près semblables, des opinions contraires qui, jugées par les uns, semblent encore pour les autres au moins susceptibles de plusieurs solutions. Un canal latéral était-il indispensable dans cette localité, et n'était-il pas préférable d'emprunter le lit de la rivière en améliorant sa navigation? Les auteurs du projet répondaient à cette question en objectant que tous les barrages actuels sur la Marne étaient à reconstruire, que quarante barrages neufs et autant d'écluses à sas deviendraient indispensables dans le tracé entre Saint-Maur et

_____

(1) *Histoire de la navigation intérieure de la France*, tom. II, pag. 189 et 190.

Vitry; que ces ouvrages dispendieux n'assureraient la navigation que dans les basses eaux; mais, qu'au moment des crues, il s'établirait dans le lit de la rivière une vitesse qui retardeia't la remonte, et en augmenterait beaucoup le prix, dernières considérations qui, pouvant n'être que d'un faible poids dans quelques cas contraires, avaient paru à la commission des canaux acquérir la plus grande force, surtout dans la circonstance actuelle, où il s'agissait moins d'un canal d'exploitation que d'un canal destiné à favoriser un commerce de transit qui ne pouvait s'établir qu'au moyen de la plus grande célérité dans les transports, dont la majeure partie s'effectuerait à la remonte. »

Il fut donc arrêté que la ligne navigable serait établie latéralement à la Marne.

Cette décision nous paraît inspirée par une connaissance parfaite des besoins et des véritables intérêts du commerce; et bien que nous pensions qu'une partie du transit sur lequel on comptait pour le canal de la Seine au Rhin s'opérerait par la route en fer que nous proposons entre Paris et Strasbourg (chapitre VI, page 105), nous n'en sommes pas moins bien convaincus que cette partie du canal de la Seine au Rhin doit être exécutée latéralement à la Marne, afin d'établir la communication la plus régulière et la plus économique possible.

Quant aux produits de cette belle entreprise, une compagnie qui avait obtenu une ordonnance du roi pour en faire les études, a fait connaître que le résultat de ses travaux, vérifié et modifié par une commission de négocians, lui présentait l'espoir d'un revenu de 9 à 10 %.

Nous croyons que le canal de la Seine au Rhin est un de

ceux qui a le plus d'avenir, et qu'un petit nombre d'années
suffirait pour lui assurer un dividende suffisant; mais
nous sommes bien convaincus aussi que comme, à l'exception des transports déjà existans par la Marne et qui sont
très-importans, les principales sources des produits pro-
viennent de débouchés nouveaux à établir, bien plus que
des débouchés déjà existans, et qu'il faudrait seulement
développer et améliorer, le canal de la Seine au Rhin, dans
les premières années, présentera un faible revenu. Nous
nous croyons, pour le moment, dispensés d'entrer dans
plus de détails à cet égard. Sans doute la compagnie soumissionnaire voudra livrer ses travaux à la publicité, ainsi
que l'ont fait d'autres compagnies; elle n'a pas d'autre
moyen, d'ailleurs, de faire partager au public la confiance
qu'elle avait dans son entreprise; elle n'en a pas d'autre,
non plus, d'obtenir du gouvernement la subvention sans
laquelle ce canal, l'un des plus essentiels au pays, ne nous
paraît pas exécutable.

Canalisation de l'Aisne.

Nous voici arrivés au dernier affluent important de la
Seine, l'Oise.

C'est par cette rivière ou par ses affluens que le bassin de
la Seine est mis en communication avec les bassins de la
Somme, de l'Escaut, de la Meuse, au moyen des canaux
de la Somme, de Crozat, de Saint-Quentin et des Ardennes. Nous avons déjà dit que l'Oise est améliorée en ce
moment depuis Chauny, embouchure du canal Crozat,
jusqu'à la Seine; partie par des dérivations latérales, partie

par des barrages. Il restera à améliorer la rivière d'Aisne, affluent de l'Oise, depuis son embouchure dans cette rivière jusqu'à Neufchâtel, point où elle reçoit le canal des Ardennes (1). Le développement de cette partie de l'Aisne est de 114,000 mètres, qui sont évalués devoir coûter 4,260,000 fr., parce que la canalisation doit s'y opérer aussi par des barrages. Cette évaluation, qui ne met le prix du kilomètre qu'à 37,000 fr., nous paraît faible; nous porterons 7,700,000 fr., ce qui fait 50,000 fr. le kil.

Il y a tout lieu de croire que ces travaux projetés dans l'Aisne, et en cours d'exécution aujourd'hui sur l'Oise, seront suffisans. L'Oise et l'Aisne sont au nombre des rivières de France dont le régime est le plus doux. Toutefois il est bon de remarquer que sur la portion de la rivière d'Oise (2) comprise entre la dernière écluse du canal Crozat et Sempigny, on avait espéré donner à la rivière, sur cette longueur de 5,000 m. environ, une hauteur d'eau suffisante au moyen d'un barrage établi à Sempigny. Ce résultat n'a pas été obtenu aussi complet qu'on le désirait, et un canal latéral à l'Oise, de Chauny à Manicamp, a été ordonné et est aujourd'hui exécuté.

Ce fait nous confirme dans l'opinion que les améliorations dans les rivières dont le régime est irrégulier, et qui sont les débouchés de canaux très-importans, doivent bien plutôt s'opérer par dérivations latérales que par barrages. C'est ce

(1) Le canal des Ardennes finit réellement à Semuy sur l'Aisne, et cette rivière est canalisée de Semuy à Neufchâtel. Ces travaux font partie de la concession du canal des Ardennes.

(2) Dutens, *Histoire de la navigation intérieure*, tom. I, pag. 409.

qui nous a déterminé à proposer cette solution pour la Haute-Seine et l'Yonne.

Canal de l'Oise à la Sambre et à l'Escaut.

Un canal a été proposé pour joindre l'Oise à la Sambre et à l'Escaut. Cette entreprise a éprouvé des difficultés vraiment étranges de la part du génie militaire, et les conditions auxquelles il assujétissait le canal en rendraient l'alimentation si incertaine qu'aucune compagnie ne se présentera, sans aucun doute, pour l'exécuter, tant que cette difficulté ne sera pas levée. Comme nous ne pouvons pas croire que pour long-temps encore le génie militaire puisse entraver les projets de canalisation les plus utiles, nous porterons ce canal au nombre de ceux à exécuter. La dépense nous paraît devoir en être évaluée à 14,000,000.

On trouvera tous les détails nécessaires sur cette ligne dans les ouvrages de MM. Brisson et Dutens (1).

Telles sont les lignes de navigation de premier ordre dont l'exécution nous paraît nécessaire dans le bassin de la Seine, soit pour y compléter les lignes de navigation qui y existent déjà, soit pour y établir les communications qui lui manquent encore avec les autres bassins.

Lignes de second ordre.

Quant aux lignes de communication du second ordre, nous nous bornerons à mentionner spécialement :

1° Le perfectionnement de la navigation de la Haute-Seine de Montereau à Marcilly, sur 82,000 mètres, et de Mar-

1) Dutens, tom. II, pag. 117, Brisson, pag. 47 à 49.

cilly à Châtillon sur 118,000 mètres ; total , 200,000. Ce perfectionnement a de l'importance ; quelques portions en ont déjà été exécutées, notamment entre Mery et Troyes. Ce sont des dérivations latérales avec écluse à l'aval, remplaçant les portions de rivières dont la navigation était trop difficile. Des travaux semblables entre Marcilly et Montereau, et entre Troyes et Châtillon, donneraient à toute la navigation de la Seine supérieure la régularité qui y est nécessaire. Nous évaluons ces travaux à 9,000,000 fr.

2° La canalisation de la Vesle, depuis l'Aisne jusqu'a Reims, réclamée par la compagnie de M. Sartoris, qui s'offre à l'exécuter, ainsi que lui en donne le droit le traité fait avec elle en 1821, et sanctionné par une loi du 5 août même année. Cette compagnie évalue la canalisation de la Vesle, sur 48,000 mètres de long, à 2,500,000 fr.; c'est 52,000 fr. par kil. Cette évaluation nous paraît suffisante ; nous porterons donc 2,500,000 fr.

M. Brisson, dans son ouvrage sur un système général de navigation intérieure, propose pour le bassin de la Seine d'autres canaux secondaires, dont la dépense ne serait pas moindre de 217,000,000 fr.

Nous ne pouvons entreprendre ici de discuter le mérite des diverses lignes qu'il propose. Toutes seraient utiles, sans nul doute, mais non pas également. Des études approfondies peuvent seules permettre de décider auxquelles devra être donnée la priorité, et nous n'avons pas de documens assez précis pour nous prononcer. D'ailleurs, il nous paraît hors de doute qu'une partie des lignes qu'il propose pourrait être avantageusement remplacée par des chemins de fer servis par chevaux ou machines fixes.

Nous ne porterons donc qu'une somme de 40,000,000 f. pour les lignes secondaires du bassin de la Seine, canaux ou chemins de fer, pour lesquels nous pensons que les autorités locales ou les compagnies réclameraient du gouvernement une subvention si l'état entrait dans cette voie, et l'obtiendraient de lui après avoir justifié de l'utilité de leur projet et produit des études qui eussent permis de décider en connaissance de cause.

DEUXIÈME SECTION.

BASSIN DE LA LOIRE.

Le bassin de la Loire est mis en communication avec le bassin de la Seine par les canaux d'Orléans, de Briare, du Nivernais ; avec le bassin du Rhône par le canal du Centre et par le chemin de fer de Saint-Étienne à Lyon, et avec les bassins du Blavet, de l'Aulne, de la Vilaine, par les canaux de Bretagne.

Les autres perfectionnemens dans les voies de communication du bassin de la Loire sont le canal latéral de Digoin à Briare, le canal du Berri, allant de Montluçon à Tours par Saint-Amand, Bourges et Vierzon ; ce canal est en petite section ; le chemin de fer de Saint-Étienne à Andrezieux et celui d'Andrezieux à Roanne.

Le bassin de la Loire est le plus étendu de France ; la Loire en est le fleuve le plus important ; dans son cours de deux cents lieues, ce fleuve reçoit un grand nombre de rivières de premier ordre : l'Allier, le Cher, l'Indre, la Vienne sur la rive gauche, et le Loir, la Sarthe et la

Mayenne, qui, réunies au-dessus d'Angers, forment son principal affluent de la rive droite.

Mais si la Loire est le plus beau fleuve de France, c'est aussi celui dont la navigation est la plus irrégulière et la plus difficile ; nous en avons, plus haut, fourni la preuve, chap. VI, pag. 96 et 97.

Déjà une partie de la navigation est remplacée, savoir : d'Andrezieux à Roanne par le chemin de fer déjà cité, dont la longueur est de 65,000 mètres, et de Digoin à Briare par le canal latéral, dont la longueur est de 192,000 mètres.

Trois parties restent encore à perfectionner : celle comprise entre Roanne et Digoin, celle entre Briare et Nantes, celle entre Nantes et la mer.

Canal maritime de Nantes.

Nantes est à douze lieues de la mer, et cette partie de son cours présente aux navires qui sont en destination de ce port d'assez graves difficultés, et, pour tous ceux dont le tirant d'eau dépasse 300 tonneaux, une insuffisance de profondeur qui les oblige de relâcher à Paimbœuf et à Saint-Nazaire, situés à son embouchure sur chacune de ses rives.

Nous sommes ici dans un cas très-différent de celui pour lequel nous nous sommes livrés à de si longs développemens plus haut, celui des difficultés de la navigation de la Seine entre le Havre et Paris.

Il est bien évident, en effet, qu'une route en fer de Nantes à Paimbeuf ou à Saint-Nazaire n'offrirait pas une compensation appréciable des inconvéniens que supporte Nantes des arrêts et des transbordemens de ses gros navires dans ces deux ports secondaires. Saint-Nazaire et Paimbeuf

sont bien loin d'avoir, par rapport à Nantes, l'importance
du Havre et de Rouen par rapport à Paris.

C'est pourquoi, tandis que pour le bassin de la Seine
nous n'avons pas pensé qu'il y eût lieu de se livrer à l'é-
norme dépense d'un canal maritime, soit du Havre, soit de
Rouen à Paris, et qu'une route en fer à machines locomotives entre ces villes offrait une meilleure solution ; pour
Nantes, au contraire, nous pensons qu'il n'y a pas à hésiter sur l'importance de donner à ce port de la plus belle
partie de notre territoire les moyens de développer son
commerce, et de se livrer aux opérations de long cours
avec de plus forts navires, et par conséquent avec plus d'é-
conomie qu'il n'a pu le faire jusqu'ici.

Nous proposons donc un canal maritime de Nantes à la
mer. Nous n'avons pas assez de données sur les localités
pour en apprécier avec quelque précision la dépense. Toutefois supposant que la longueur serait de 50,000 mètres,
et évaluant le kilomètre à 700,000 fr. (1), la dépense serait de 55,000,000 fr.

Peut-être pourrait-on satisfaire à ce que nous regardons
comme de la plus haute importance pour le bassin de la
Loire, l'arrivage facile de forts navires, en établissant, soit
à Paimbeuf, soit à Saint-Nazaire, soit dans toute autre localité favorable de l'embouchure de la Loire, un port ayant

(1) Le canal maritime du Havre à Paris était estimé, pour la
partie comprise entre Rouen et Paris et ayant 167,000 mètres,
76,000,000 ; soit 460,000 fr. par kil., et pour la seconde partie
comprise entre le Havre et Rouen, et ayant 67,000 mètres,
70,000,000 ; soit 1,044,000 fr. par kil. Nous avons dit quelles
étaient les difficultés particulières de cette portion du tracé.

de bonnes entrées et une grande profondeur d'eau, et en mettant ce port en communication avec Nantes au moyen d'une route en fer. Mais outre que cette solution serait certainement aussi chère que celle proposée ci-dessus, elle serait évidemment moins satisfaisante, moins complète, et nous ne la proposons que si le canal maritime de Nantes à la mer coûtait plus de 35,000,000 fr. par suite de difficultés graves dans les localités, ce que nous ne pensons pas.

Canal de Nantes à Briare.

La partie de la Loire comprise entre Nantes et Briare a 400,000 mètres de développement.

« Si la Loire, dit M. Dutens (1), offre un cours plus régulier dans sa partie inférieure, depuis Orléans jusqu'à Tours, et surtout depuis ce dernier point jusqu'à Nantes, d'un autre côté, le pilote y rencontre des obstacles de la part des vents. Il y a quelques années, on compta au-dessus de l'embouchure de la Vienne au moins 400 bateaux de toutes grandeurs, qui, étant partis successivement de Nantes avec un vent favorable, furent obligés de s'arrêter à ce point et d'y séjourner pendant *tout l'hiver*. Cette flottille, entièrement chargée de marchandises précieuses, ne put se mettre en mouvement qu'à l'aide des premières crues du printemps ; enfin, si par un bonheur extraordinaire on peut citer quelques bateaux qui, partis de Nantes avec un vent favorable et des eaux propices, sont parvenus à l'embouchure du canal d'Orléans en moins de huit jours, il n'en

_____

(1) *Histoire de la navigation intérieure*, tom. II, pag. 87.

est pas moins vrai qu'on en a vu rester plus de six mois à faire le même trajet. »

Le canal latéral de Nantes à Orléans a été l'objet des études d'une compagnie à ce autorisée ; ces études n'ont pas eu de publicité. Nous ne pouvons donner ici qu'une évaluation sommaire, et nous pensons que, soit pour cette partie, soit pour celle comprise entre Orléans et Briare, le canal latéral ne coûterait pas plus de 110,000 fr. par kil. ; soit, pour 400 kil., 44,000,000 fr.

Canal de Roanne à Digoin.

Quant à la partie de la Loire comprise entre Roanne et Digoin, et dont la longueur est de 60,000 mètres environ, une compagnie particulière a reçu autorisation d'y ouvrir un canal latéral, continuation de celui de Briare à Digoin ; ce canal est estimé 6,000,000.

Ponts-aquéducs sur la Loire.

Les ponts-aquéducs sur la Loire, l'un du canal du Centre au canal latéral en face de Digoin, l'autre du canal latéral, au canal de Briare, sont, l'un définitivement adopté, l'autre sur le point de l'être. Nous félicitons de nouveau l'administration des ponts-et-chaussées de cette sage détermination pour le pont-aquéduc de Digoin, dont la dépense sera environ de 1,500,000 fr., et nous pensons qu'elle persistera dans cette voie, et qu'au lieu d'une traversée dans le lit de la Loire, traversée qui serait d'ailleurs assez coûteuse, parce que, pour y avoir de l'eau en étiage, il faut construire des épis qui resserrent le courant et maintiennent la profondeur nécessaire, l'administration arrêtera définitivement l'établissement, plus coûteux il est vrai, d'un mode de communication entre les deux canaux, bien plus complet, bien plus sûr et plus économique.

Nous l'avons déjà dit, l'administration doit être applaudie par tous les hommes éclairés quand elle sait faire de telles dépenses, et les hommes qui attacheront leur nom à ces beaux travaux ne tarderont pas à en recevoir la récompense; car le moment n'est pas loin où la reconnaissance publique sera surtout acquise à ce genre de services rendus au pays.

C'est à ce titre que nous signalons ici le beau travail qui vient d'être exécuté par un jeune ingénieur, M. Julien, le pont-aquéduc au bec d'Allier, dont les voûtes ont été fermées cette année. Ce travail, le plus considérable qui, en ce genre, existe en France, et qui peut se comparer aux ponts-aquéducs les plus renommés de l'Angleterre, a été conduit avec une activité et une vigueur qui placent bien haut son auteur. M. Julien vient d'être chargé du pont-aquéduc de Digoin.

Lignes secondaires du bassin de la Loire.

Nous avons à examiner maintenant les diverses améliorations secondaires que réclament les voies de communication du bassin de la Loire.

Nous présenterons d'abord quelques considérations sur la partie supérieure de ce bassin, celle où la Loire et ses principaux affluens prennent leur source.

C'est dans cette partie du territoire de la France, ainsi que dans la partie supérieure du bassin de la Gironde, et dans la partie occidentale du bassin du Rhône, que se trouve ce vaste groupe de montagnes, si justement célèbre par la magnificence de ses sites, la richesse de son sol, ses ressources minérales et toute sa constitution géologique.

Les Cévennes, les Margerides, les Garigues, la Lozère, le Plomb du Cantal, le Puy-de-Dôme, le Mont-d'Or composent les parties principales de ce territoire si tourmenté et si peu accessible aux travaux de canalisation, que, dans toutes les cartes où ont été esquissés les systèmes généraux de navigation, il y a là une vaste lacune qui semble avoir défié tout l'art des ingénieurs.

Et cependant cette lacune ne peut subsister, car l'état géologique de toutes ces montagnes y a révélé l'existence de mines importantes. C'est sur leurs flancs que se trouvent les inépuisables mines de charbon et de fer carbonaté d'Alais et de Firmy; les belles mines de plomb de Pontgibaud sont au pied du Puy-de-Dôme; des mines de fer, de plomb, de cuivre, de houille, ont été reconnues dans toutes ces contrées.

Nous croyons que ce territoire offre aux ingénieurs, afin de le doter de communications économiques, une étude aussi neuve et aussi intéressante que celle qu'ont offerts aux géologues, depuis quelques années, les magnifiques volcans d'Auvergne, à peine explorés jusqu'alors.

Et cette étude nous paraît avoir pour objet principal d'y déterminer l'établissement d'un réseau de chemins de fer du second ordre qui, établi ainsi sur les points les plus élevés de la France centrale, viendrait, sur les bassins de la Loire, de la Gironde et du Rhône, rejoindre leurs canaux, ou les chemins de fer de premier ordre.

Ce n'est pas sans raison que les trois chemins de fer existant en France sont précisément construits dans cette partie de son territoire.

M. Brisson, décrivant les lignes de canaux à ouvrir dans tout ce territoire, fait remarquer que (1) « les difficultés de » tous genres qu'offre le pays, et surtout la raideur des » pentes, qui multiplierait le nombre des écluses de ma » nière à rendre le transport par canaux peu avantageux, » s'opposent à ce qu'on y établisse autant de canaux que » dans les autres régions, et qu'on devra y suppléer par » d'autres voies de communication, et notamment par des » chemins de fer. » Et il indique (pag. 101) un chemin de fer dans la partie de la vallée de l'Allier qui précède Brioude, et (pag. 102) un chemin de fer de Feurs, sur la Loire, jusqu'à Aigueperse, sur l'Allier, par les vallées de la Dore et du Lignon. Nous verrons plus loin qu'il propose d'autres chemins de fer dans les bassins du Rhône et de la Gironde.

Nous n'essaierons pas d'entrer dans le détail des divers chemins de fer qui nous paraissent pouvoir être établis dans la partie supérieure du bassin de la Loire.

Toutefois nous ferons connaître la pensée principale qui nous paraît devoir présider à l'étude de ces divers chemins et à leur jonction avec la navigation.

M. Brisson (pag. 27 à 31 de son ouvrage sur la navigation intérieure), recherchant les moyens d'établir une jonction entre Bordeaux et Bâle, et par conséquent entre les parties supérieures des bassins de la Gironde et de la Loire,

(1) *Essai d'un système général de navigation intérieure*, page 100.

partage serait entre cette vallée et celle du Sioulet, par lequel on arriverait dans la vallée de la Sioule, affluent de l'Allier.

M. Brisson ne se dissimule pas les difficultés de cette ligne, et il déclare que, dans la Dordogne et dans la Sioule, la navigation devra souvent être établie en lit de rivière au moyen de barrages et d'écluses submersibles.

Cette direction ne serait pas, sans doute, sans de graves difficultés pour un chemin de fer; mais elles seraient moindres, à ce que nous pensons, que pour un canal; et quand nous avons dit, chap. VI, pag. 103, qu'une ligne de communication de cette nature nous paraissait devoir être établie entre Bordeaux et Lyon, nous avions en vue cette ligne.

Nous indiquerons encore une autre ligne qui mettrait en communication le haut du bassin de la Gironde, et notamment Firmy, avec les parties les plus élevées du bassin de la Loire. Cette ligne nous paraîtrait pouvoir suivre le Lot, à compter de Livignac, où nous supposons qu'un chemin de fer d'Aubin et de Firmy viendrait aboutir. On remonterait le Lot jusqu'à l'embouchure de la Trueyre; la direction de la partie supérieure de cette rivière indique qu'il y a un point de dépression assez fort dans le contrefort qui la sépare de la vallée de l'Allier, vers la petite rivière de la Dège; ou bien l'on passerait par la Londe, affluent de la Trueyre, et l'on entrerait par l'Arceuil, ou l'Alagnon, dans la vallée de l'Allier, où pourraient être ainsi amenés du fer et du

ment étudiées.

Nous supposerons que la partie des chemins de fer de second ordre qui seraient établis dans le bassin supérieur de la Loire, non compris celui de la Dordogne à la Sioule, qui fait partie du grand réseau de chemins de fer dont l'évaluation est donnée en masse, chap. VI, pag. 105, aurait 500 kil. de développement, qui à 100,000 fr. le kil., en raison des difficultés du terrain, feraient une somme totale de 50,000,000 fr.

Canal latéral à l'Allier.

L'affluent le plus élevé, et l'un des principaux de la Loire, est l'Allier, qui arrose des provinces importantes et qui atteindront un haut degré de richesse quand elles auront de bons débouchés. Un canal latéral à l'Allier a été sollicité depuis long-temps. Il a été l'objet de beaucoup d'études, et l'on trouve ici ce qui se rencontre dans presque tous les projets de canalisation : d'une part, l'absence d'un système général et bien coordonné, de l'autre, la faiblesse des produits à espérer, par rapport à la dépense nécessaire, ont fait présenter des projets très-différens de chemins de fer et de canaux latéraux à l'Allier, en grande et en petite sections. Quant à nous, admettant que la ligne de chemin de fer, proposée ci-dessus, par la vallée de la Dordogne et celle de la Sioule, s'exécute, nous croyons que le seul projet qui, dans ce cas, pût avoir quelque valeur, serait un canal latéral à l'Allier, depuis le pont-aquéduc par lequel

11

le canal latéral à la Loire passe au-dessus de cet affluent, jusqu'à Varennes, où le chemin de fer de la Dordogne et de la Sioule couperait la vallée de l'Allier pour pénétrer dans l'intérieur de la France par la vallée de la Bebres et la ligne du canal du Centre, où il rejoindrait à Châlons-sur-Saône le grand chemin de fer de Paris à Lyon, qui nous paraît devoir descendre sur le Rhône par la vallée de la Saône, à compter de Gray.

Un canal latéral à l'Allier, en section semblable à celle du canal latéral à la Loire, aurait environ 90,000 mètres, qui, à 125,000 fr. le kil., ferait 11,250,000 fr.

Le reste du cours de l'Allier serait remplacé par un chemin de fer à comprendre dans le réseau indiqué ci-dessus.

Canal de la Loire à la Charente.

Nous avons fait connaître, dans la section précédente, la première partie de la ligne indiquée dans l'ouvrage de M. Brisson, entre Bordeaux et Paris. Cette première partie établit une communication entre la Loire et la Basse-Seine. La seconde partie de cette ligne établirait la jonction des bassins de la Loire et de la Charente.

Nous avons vu que la partie de la Seine à la Loire aboutissait à ce dernier fleuve par le Loir et Angers; de là on remonterait le Loir par le canal latéral, jusqu'à l'embouchure de la Vienne, que l'on suivrait jusqu'au-dessus de Châtellerault; puis l'on suivrait la vallée du Clain, en passant par Poitiers, et l'on entrerait dans le bassin de la Charente par le fleuve de ce nom et au-dessous de Couvray (1).

(1) Voir pour plus de détails, les ouvrages de M. Brisson, pag. 20 à 22, et de M. Dutens, tom. II, pag. 131 à 133.

Cette partie du canal de la Loire, jusqu'à Angoulême, aurait 220 kil. et 237 mètres de chute à racheter; elle ne peut s'évaluer à moins de 30,000,000 fr., eu égard aux grandes difficultés des localités, et notamment du point de partage; c'est un peu moins de 140,000 fr. par kil.; ci, 30,000,000 fr.

Lignes secondaires.

Quant aux canaux de petite section pour tout le bassin de la Loire, M. Brisson et M. Dutens en proposent un grand nombre. Au nombre des plus remarquables et des plus essentiels, nous comptons ceux qui suivraient latéralement le cours des principaux affluens de la Loire. Parmi les lignes proposées par M. Brisson, il en est quelques-unes qu'il indique pouvoir être avantageusement remplacées par des chemins de fer, selon toute probabilité.

La dépense de ces lignes proposées par M. Brisson serait de 234,666,000 fr. Nous ferons comme pour le bassin de la Seine; nous ne prendrons qu'une partie de cette somme, 30,000,000 fr., pour lesquels nous supposerons qu'au moyen d'études bien faites, et de démonstrations bien établies, des demandes en concession avec subvention pourraient être présentées au gouvernement et accordées par lui.

TROISIÈME SECTION.

BASSIN DE LA GIRONDE.

Les travaux de navigation intérieure dans le bassin de la Gironde consistent seulement dans le canal du Languedoc, dans la canalisation de l'Isle, affluent de la Dordogne, au moyen de barrages, et en cours d'exécution aujourd'hui, au moyen d'un prêt fait par une compagnie, comme nous l'avons dit chap. III, et dans la canalisation de la Corrèze et de la Vezère, concédée à une compagnie et exécutée par elle.

L'hydrographie du bassin de la Gironde est disposée de la manière la plus heureuse pour centraliser à Bordeaux tout le mouvement industriel et commercial du bassin. Les embouchures des principaux affluens de la Gironde se trouvent en effet à peu de distance de Bordeaux; la Dordogne se joint à la Garonne à 22,000 mètres environ sous Bordeaux, et l'Isle se jette dans la Dordogne à 52,000 mètres de son embouchure dans la Gironde; le Lot débouche dans la Garonne à 121,000 mètres de Bordeaux; la Bayse, à 126,000 mètres; le Tarn, à 203,000 mètres. Enfin, deux des principaux canaux projetés dans le bassin de la Gironde aboutissent à Bordeaux.

Nulle part, mieux que dans ce bassin, il ne peut donc s'établir une plus intime et plus féconde union entre la navigation maritime et la navigation fluviale.

Canal maritime de Bordeaux.

La première question à se faire pour le bassin de la Gironde est donc de savoir si la navigation maritime de ce port n'a pas besoin d'améliorations, et, en réponse à cette question, nous entendrons s'élever les plaintes de plus en plus vives des négocians et des armateurs de Bordeaux sur la diminution du tirant d'eau du fleuve à son embouchure, et sur les difficultés toujours croissantes de son entrée et de sa navigation.

Beaucoup de mémoires et de projets ont été présentés pour améliorer le cours de la Gironde et y rendre la circulation des navires plus sûre et plus commode. Des mémoires très-intéressans ont été publiés sur cette question (1), et des travaux de natures fort diverses ont été proposés. Il y a lieu de croire, toutefois, que tous les travaux proposés en lit de rivière n'ont pas paru à l'habile ingénieur qui a si long-temps et avec tant de talent étudié toute cette contrée pouvoir assurer les résultats qu'on en attendait. Nous trouvons, en effet, dans un ouvrage déjà cité (2), de M. Deschamps, inspecteur-général des ponts-et-chaussées, qu'il pense que, pour faire éviter, dans les gros temps, aux navires de commerce, les dangers de l'entrée de la Gironde, il y aurait lieu de construire un canal débouchant, d'une part, à la mer, dans le mouillage au-dessus de l'île d'Oléron, suivant la vallée de la petite rivière de Sendre, parallèle à la Gironde, et débouchant dans la rade des Monnards, près de Talmont, dans la Gironde, à 24,000 mètres de la tour de Cordouan, et à 85,000 mètres environ de Bordeaux.

La longueur de ce canal serait d'environ 75,000 mètres, qui, à 700 fr. le kil., feraient une dépense de 52,500,000 francs.

Nous rappelons d'ailleurs la délibération du Conseil-

(1) Entre autres un mémoire de M. de Vivens, sur *les causes des encombremens successifs de la Gironde et du port de Bordeaux.*

(2) *Assainissement et culture des Landes de Gascogne*, pag. 56.

général des ponts-et-chaussées mentionnée page 156, et où se trouve constatée la nécessité d'un canal maritime pour Bordeaux.

Canal latéral à la Garonne.

La distance de Bordeaux au canal du Midi, par la Garonne, est de 286,000 mètres. La navigation présente de très-grandes difficultés sur cette distance, surtout à mesure qu'on se rapproche de Toulouse. La rapidité du courant et le manque d'eau dans la saison sèche y rendent le transport par eau difficile et coûteux à la remonte et à la descente.

Depuis long-temps cette portion de la rivière de la Garonne, en raison de ces difficultés et de l'importance des contrées qu'elle arrose, et qui recevraient si rapidement une impulsion si féconde par l'établissement d'une communication facile, régulière et économique, a été l'objet de l'intérêt de l'administration et d'études très-longues et très-approfondies prescrites par elle, puis dirigées dans l'intérêt d'une compagnie.

Le résultat de ces études a été un canal latéral à la Garonne, depuis Toulouse jusqu'à Castets, à 78,500 mètres de Bordeaux, point à compter duquel on est assuré d'une profondeur d'eau de 2 mètres aux plus basses marées jusqu'à Bordeaux.

La description et la discussion, non-seulement du tracé de ce canal, mais des questions économiques que soulève cette entreprise, se trouvent dans deux rapports de M. Cavenne, inspecteur-général des ponts-et-chaussées, rapports auxquels nous renvoyons comme à un parfait modèle de la manière dont les sujets de cette nature peuvent être mis à la portée des personnes les plus étrangères à l'art de l'ingénieur, tout en étant traitées avec le soin et la profondeur qu'elles méritent (1).

La dépense du canal est estimée par M. de Baudre, ingénieur en chef, rédacteur du projet, à la somme de 59,698,000 fr., ce qui porte le prix du mètre courant à la somme considérable de 198 fr. Cela provient de ce que l'on s'est décidé à passer la Garonne, le Tarn, le Lot, la Bayse et beaucoup de petits affluens, au moyen de ponts-aqueducs, afin d'affranchir la navigation des difficultés et des dangers des crues, et que même, sur presque la moitié du canal, on est obligé de se défendre des crues, et quelquefois d'entrer en rivière. Toutefois M. Cavenne pense que, par une meilleure disposition des biefs et par une construction mieux appropriée des ponts et des ponts-aqueducs, on pourrait réduire la dépense de 3 ou 4,000,000 fr.

Quant au produit du canal, l'ouvrage publié à ce sujet par M. Doin, concessionnaire de cette entreprise (2), et même le rapport de M. Cavenne laissent à désirer, et M. Cavenne, au reste, s'en explique nettement dans les conclusions de son second rapport.

« Jusqu'ici, dit-il, l'administration supérieure ne s'est
» jamais occupée, du moins officiellement, de ces questions
» de produits, que j'ai été conduit à traiter à l'occasion des
» observations de la commission d'enquête de Toulouse, et
» elle a eu pour but, dans sa réserve sur ce point, de lais-

(1) *Annales des ponts-et-chaussées*, 1832.

(2) *Mémoire sur le canal latéral à la Garonne*, par M. Doin, 1832.

» ser aux concessionnaires toute la responsabilité de leurs
» spéculations.

» Si elle voulait s'écarter aujourd'hui de cette marche, il
» serait alors nécessaire de ne pas s'en rapporter unique-
» ment aux calculs que j'ai présentés, parce qu'étranger
» aux localités et aux opérations du commerce maritime, je
» n'ai pu que suivre, sans moyen de contrôle, les renseigne-
» mens qu'on m'a donnés sur la navigation de la Garonne
» et sur la navigation par le détroit de Gibraltar. »

Ces renseignemens, communiqués à M. l'inspecteur général des ponts-et-chaussées, se trouvent en détail dans
l'ouvrage de M. Doin; nous les y avons étudiés avec attention, et tout en reconnaissant l'étendue des recherches de
l'auteur, nous pensons, à moins qu'il ne fournisse de nouveaux documens, et, sur beaucoup de points, des preuves
mieux établies, que cette entreprise n'aurait pas un revenu
tout-à-fait suffisant pour couvrir la dépense, et que le concessionnaire devra recourir à une demande en subvention
du gouvernement.

Canal de la Charente à la Dordogne.

Nous avons vu, dans les deux chapitres précédens, les
indications données, notamment par M. Brisson, pour l'é-
tablissement d'une grande ligne de navigation entre Paris
et Bordeaux, et nous avons déjà décrit les deux portions qui
unissaient le bassin de la Seine au bassin de la Loire, et
celui-ci au bassin de la Charente.

Le tracé que nous avons indiqué pour la seconde partie
s'arrête à Angoulême sur la Charente. M. Brisson propose
de continuer à suivre cette rivière sur une faible distance

jusqu'à Monac ; puis, se dirigeant par Diville, de remonter la rivière d'Arce jusqu'à Nonac, et d'entrer dans le bassin de la Gironde par la petite rivière de la Tude, qui vient se jeter dans la Dronne ; on suivrait cette rivière jusqu'à l'Isle, que l'on canalise en ce moment, ainsi que nous l'avons dit plus haut.

La distance d'Angoulême à Coutras, où la Dronne débouche dans l'Isle, est d'environ 100 kilomètres, et la pente à racheter de 157 mètres. La dépense paraît devoir être de 15,000,000.

M. Deschamps, dans l'ouvrage dont nous avons parlé tout à l'heure, indique une autre direction. Le canal, partant de Blaye sur la rive droite de la Gironde, à 40 kil. environ de l'aval à Bordeaux, suivrait parallèlement la Garonne jusqu'au-delà de Conac, et entrerait dans le bassin de la Charente par la vallée de la Seugne. Cette rivière, au-dessous de Pons, se divise en deux bras ; par l'un de ces bras, le canal gagnerait la Charente pour la remonter par Cognac et Angoulême ; par l'autre bras, il gagnerait aussi la Charente pour communiquer avec Rochefort.

Si les moyens d'alimentation de cette ligne navigable peuvent suffire à une grande navigation, elle nous paraîtrait préférable à celle indiquée par M. Brisson, et susceptible de donner plus de produits. Nous remarquerons, d'ailleurs, qu'elle est proposée par un ingénieur à qui les localités sont beaucoup plus familières qu'elles ne l'étaient sans doute à M. Brisson.

Canal des Landes.

Mais, c'est surtout pour l'amélioration du vaste territoire

situé au midi de Bordeaux, et connu sous le nom des *Landes de Gascogne*, que nous croyons que les projets proposés par M. Deschamps méritent la plus sérieuse considération, et certainement la préférence sur ceux qui avaient été proposés avant lui.

Une longue étude de cette contrée a conduit M. Deschamps à l'adoption d'un système général de travaux d'assainissement et de navigation dans les Landes, dont il a produit le projet général dans son ouvrage sur ce sujet, ouvrage plein d'intérêt et des vues les plus élevées (1).

Ces projets de navigation à travers les Landes ont aussi pour but la jonction du bassin de la Garonne à celui de l'Adour; et deux projets, connus sous les noms des *Canaux des grandes et petites Landes*, avaient jusqu'ici pris place dans tous les systèmes généraux de navigation de la France.

Le premier, dit *Canal des petites Landes*, mentionné, entre autres, dans l'ouvrage de M. Brisson, comme continuant sur Bayonne la ligne de navigation de premier ordre de Paris à Bordeaux, suivait la Bayse, affluent de la Garonne, et la remonterait jusqu'à Lavardac pour suivre la Gelize, puis, par la vallée de la Rimbe, gagnerait le faîte qui sépare les deux bassins; le point de partage serait à Cazaubon, d'où l'on descendrait par la Douze et la Midouze jusqu'à l'Adour. La dépense de ce canal est évaluée 18,000,000.

L'Administration des ponts-et-chaussées a proposé de laisser aux compagnies la faculté d'ouvrir ce canal, soit

---

(1) *Des travaux à faire pour l'assainissement et la culture des Landes de Gascogne, et des canaux de jonction de l'Adour à la Garonne*, pag. 31.

sur une section égale à celle du canal du Languedoc, dans lequel cas il coûterait la somme indiquée plus haut, soit sur une section sous-double, et alors sa dépense ne serait plus probablement que de 12 à 13 millions.

Un autre canal a été proposé sous le nom de *Canal des grandes Landes*. Ce canal, partant de Bordeaux, remonterait vers Castelnau, traverserait les communes du Temple, d'Andouze et Parentis, Sainte-Eulalie, Escource, Mezos, Castels, Magesc, Saint-Vincent, et aboutirait à l'Adour en face de Dax : il aurait 350 kil. de long. On évalue sa dépense, en grande section, à 25,000,000, et en petite section à 16,500,000 fr.

M. Deschamps propose, comme ligne principale du réseau de canaux qu'il croit nécessaire à l'assainissement et à la culture des Landes, une ligne qui tiendrait le milieu entre les deux canaux ci-dessus mentionnés. Son tracé est décrit ainsi dans l'ouvrage de cet ingénieur, page 22 :

« Le canal s'embrancherait sur la Garonne, au quartier
» de Paludate, au-dessus du pont de Bordeaux, d'où, en
» suivant le ruisseau ou Estey de Bigles et le vallon de la
» petite rivière dite de l'Eau-Bourde, il se dirigerait par
» les territoires de Villenave d'Ornon, de Draguignan et de
» Cestas, pour arriver sur les Landes. De là, s'établissant
» après Saucats, sur les plaines humides et couvertes d'une
» suite de lagunes des communes de Saint-Magne, Hostens,
» le Turan et Mano, le canal traverserait la branche orien-
» tale de la Leyre au-dessus du bourg de Sore ; après quoi
» il se développerait dans les Landes qui séparent cette
» première de la branche occidentale de la même rivière. Il
» entrerait ensuite dans le vallon de celle-ci, à peu de dis-

» tance de son origine sur le plateau de Sabres, d'où par-
» tent les eaux qui versent au bassin d'Arcachon d'un côté,
» et les petites rivières ou gros ruisseaux qui, de l'autre,
» affluent à la Midouze à l'exposition du sud-ouest.

» Parmi ces derniers, le Beez, remarquable par le volume
» de ses eaux et la beauté de son vallon, est favorablement
» disposé pour y recevoir le canal. On l'établirait donc gé-
» néralement dans ce vallon qu'il suivrait jusqu'à la Midou-
» ze, où il déboucherait sous le bourg de Saint-Yague, en-
» tre Mont-de-Marsan et Tartas. La Midouze étant déjà na-
» vigable, quoique difficilement, à ce point, il n'y aurait
» qu'à la remplacer, sur une partie seulement de son cours,
» entre Tartas et Dax, par un canal latéral, et à l'amélio-
» rer sur le reste, pour la rendre propre à recevoir en toute
» saison les bâteaux du canal, et à les conduire ainsi à
» Bayonne par Dax. »

M. Deschamps évalue la dépense de ce canal (p. 38)
à 16,955,000 fr.

Lignes secondaires.

Au nombre des canaux qui nous paraissent devoir être
ouverts en petite section dans le bassin de la Gironde, nous
plaçons en première ligne ceux que M. Deschamps propose
dans les Landes, afin d'y assurer sur tous points l'écoulement
des eaux stagnantes qui sont la cause de l'insalubrité et de
l'infertilité des Landes, et pour y porter le mouvement et la
vie; nous parlerons de ces lignes dans le chapitre suivant,
comme ayant surtout pour but des améliorations agricoles.

Canal des Pyrénées.

Une autre ligne de communication a été proposée entre les bassins de la Gironde et de l'Adour, par la Haute-Garonne et la Neste, et par l'Arros et l'Adour. Cette ligne est connue sous le nom de canal des Pyrénées, et la concession en a été faite dans la dernière session à M. Galabert.

Les difficultés que paraît éprouver le concessionnaire de ce canal pour réunir les fonds nécessaires à l'exécution de cette entreprise nous paraissent tenir à ce qu'il s'est promis de ce canal des produits qu'un temps très-long nous paraît seul pouvoir réaliser.

Si l'on examine la direction de ce canal entre Toulouse et Bayonne, on voit qu'il ne toucherait à aucune ville importante, et que, remontant très-avant vers les Pyrénées, il doit être considéré surtout comme un canal à la suite duquel se créeront des exploitations de forêts et de mines vierges encore, et non comme un canal développant des exploitations déjà existantes ; c'est donc une ligne dont les revenus ne peuvent se développer que lentement.

Nous pensons que ce canal devrait être ouvert en petite section, et surtout qu'il y aurait lieu d'en faire l'étude comparative avec un chemin de fer du second ordre.

Nous sommes portés à croire qu'un chemin de fer pourrait bien être préférable dans cette localité, en considérant les pentes que ce canal devrait racheter sur ses deux versans, savoir, 424 m. sur le versant de la Garonne, 555 m. sur celui de l'Adour. Sa longueur serait de 345 kilomètres, et sa dépense est évaluée en grande section à 58 millions ; en petite section, sa longueur serait de 296 kilomètres, et les pentes à racheter de 953 m. ; la dépense est évaluée à 55 millions. Un chemin de fer de second ordre ne coûterait probablement que 25 à 26 millions.

Quant aux autres lignes de communication du second ordre a établir dans le bassin, nous portons en première ligne le perfectionnement de la navigation des affluens de la Garonne, et notamment du Lot et de l'Aveyron ; les magnifiques mines de Firmy et d'Aubin sont entre ces deux rivières. Tout doit être fait pour en rendre la navigation facile, mais ce ne sera pas sans de grands frais.

Les lignes proposées par M. Brisson dans ce bassin, non compris celles qui établissent la communication avec le bassin de la Loire, et que nous avons proposées ci-dessus, sont au nombre de huit, y compris un chemin de fer joignant l'Aveyron, le Tarn et l'Orb. La dépense en serait d'environ 60,000,000 fr. Nous croyons, par les mêmes considérations, que celles que nous avons exposées pour la partie supérieure du bassin de la Loire, que les chemins de fer de second ordre seront plus avantageux pour la partie supérieure du bassin de la Gironde que les canaux, et que le perfectionnement des communications pourra être plus complet ainsi vers les sources des rivières qui arrosent ces contrées, qu'on ne l'a indiqué dans les projets de systèmes généraux de canalisation.

Nous porterons donc pour toutes les lignes de communications secondaires du bassin de la Gironde, autres que celles que avons décrites en particulier, 50,000,000.

QUATRIÈME SECTION.

BASSIN DU RHÔNE.

La partie supérieure du bassin du Rhône, où le Doubs et la Saône prennent leur source, est entourée de montagnes de second ordre, comme nous l'avons déjà fait voir à la première section de ce chapitre; aussi a-t-elle été mise en communication avec les autres bassins par des canaux; savoir, les canaux du Centre, de Bourgogne, et celui du Rhône au Rhin.

Dans la partie moyenne on a construit le canal de Givors au Rhône, pour l'exploitation des mines de Rive-de-Gier; une ordonnance récente autorise la prolongation du canal de Givors vers Rive-de-Gier; mais la hauteur des montagnes du Forez ne permet pas de faire passer le canal jusque dans le bassin de la Loire; c'est pourquoi la communication a été établie par le chemin de fer de Saint-Étienne à Lyon.

Enfin dans la partie inférieure du bassin se trouve le canal du Languedoc et ses diverses prolongations vers le Rhône, les canaux des Étangs, de Silveréal, de la Radelle, de Beaucaire; sur la rive gauche le canal d'Arles à Bouc, en cours d'exécution aujourd'hui, et sur cette même rive les canaux de Viguerat, des Alpines, de Craponne, servant à l'irrigation, ou au desséchement de grands marais.

Si nous examinons avec attention les dispositions hydrographiques et topographiques du bassin du Rhône, nous voyons que, de Lyon à Arles, ce bassin est resserré des deux côtés d'Est et d'Ouest, par des montagnes élevées, d'une part, les Garrigues, les Cévennes et les montagnes du Vivarais et du Forez ; de l'autre, tous les contreforts projetés par les Alpes Graies, par les hautes et basses Alpes. Ces montagnes lui envoient des affluens, ou plutôt des torrens, qu'il est impossible de canaliser (l'Isère excepté, peut-être) et dont la pente est trop raide pour que l'on songe à les remplacer par des canaux latéraux. Il est évident, et ici les considérations que nous avons exposées dans les deuxième et troisième section relativement à l'établissement des chemins de fer de second ordre dans les régions élevées, prennent toute leur force, il est évident que tout le système secondaire des voies de communication du bassin du Rhône doit se composer de chemins de fer de second ordre, et si l'on se reporte aux travaux généraux de canalisation de MM. Brisson et Dutens, on voit que le premier n'a proposé de Lyon à Arles d'autre ligne secondaire que :

1°. Un canal latéral à l'Isère, de son embouchure à Grenoble, admettant que le cours supérieur de ce fleuve serait remplacé par un chemin de fer.

2°. Un chemin de fer allant d'Avignon à Aix par Orgon, se bifurquant à Aix, pour venir sur Marseille d'une part, et de l'autre se diriger sur la vallée de l'Argens, où une seconde bifurcation est établie, d'une part, sur Toulon, de l'autre, sur Fréjus.

M. Dutens propose un canal latéral à l'Allier, jusqu'à Chambéry ; un canal suivant à peu près le même tracé que celui du chemin de fer ci-dessus, et un canal d'Alais à la mer. Mais un chemin de fer est aujourd'hui soumissionné d'Alais au canal de Beaucaire.

Il nous paraît donc hors de doute que le système des communications secondaires de toute cette partie du bassin du

Rhône devra se composer de chemins de fer de second ordre pénétrant sur la rive droite dans les bassins de la Loire et de la Gironde, et sur la rive gauche s'élançant vers les montagnes, le long des torrens qui en descendent, pour aller mettre en valeur les richesses minérales et végétales qui y abondent.

Et alors s'élève une question grave; celle de savoir si la navigation du Rhône, de Lyon à Arles, qui forme le tronc de tout le système de communications du bassin, doit être remplacée par un canal ou par un chemin de fer.

Comparaison d'un canal et d'un chemin de fer latéral au Rhône.

L'on s'étonnera peut-être de nous voir poser ici cette question sur le choix à faire de l'un ou l'autre de ces modes de transport, lorsque nous avons déclaré (chapitre V) que les grandes lignes de communication devaient se composer de canaux et de chemins de fer de premier ordre.

Mais c'est qu'il se présente ici une difficulté toute particulière.

On a reconnu qu'il n'était pas possible de placer le canal latéral au Rhône sur la rive droite, et cette décision n'a été prise qu'après de très-longs examens, car cette rive eût été préférable à la rive gauche, parce qu'on s'y serait rattaché aux canaux de Givors et à toute la ligne des canaux du Midi, et aussi parce qu'en cas de guerre, la position eût été bien plus favorable sur la rive droite que sur la gauche. Mais les contreforts que les montagnes du Vivarais et des Cévennes projettent jusque dans les eaux du fleuve, créent sur cette rive à l'établissement d'un canal des difficultés très-graves. La rive gauche a donc été choisie.

12

Mais cette rive elle-même présente aussi beaucoup d'obstacles ; à Valence et à Vienne, par exemple, qui sont immédiatement situées sur le bord du Rhône, le canal prend la place de la route royale, et celle-ci se reporte sur la gauche, sur l'emplacement de maisons qu'il faudra abattre. Le tracé du canal à Vienne coûtera près de 600 fr. par mètre courant, c'est-à-dire cinq fois plus environ que son prix moyen pour toute sa longueur. Ce n'est qu'au moyen des combinaisons résultant du travail plus approfondi que l'on vient à bout de vaincre d'autres obstacles encore, et, par exemple, de ne pas couper les célèbres coteaux de l'Hermitage où l'on évalue l'hectare à 80,000 fr.

Si l'on exécute le canal latéral sur la rive gauche, il est donc évident que les difficultés de cette rive deviendront alors pour le tracé d'un chemin de fer de premier ordre plus graves encore que sur la rive droite, et qu'ainsi, si l'on veut pour le bassin du Rhône, et un canal et un chemin de fer de premier ordre, il faut se résigner à établir le chemin de fer sur la rive droite.

C'est pourquoi ici, par exception, on peut se demander si l'on ne pourrait pas se contenter d'un chemin de fer, qui serait alors construit sur la rive gauche de Lyon à Avignon, et d'Avignon viendrait sur Marseille par le tracé indiqué plus haut.

Ce chemin de fer recueillerait sur sa route et sans transbordement les produits venant des chemins de fer de la rive gauche, et quant à ceux apportés par les chemins de fer de la rive droite, on ferait passer leurs chariots, soit sur des bacs, soit sur des ponts, s'il en existait déjà, et ils continueraient par la rive gauche.

Ce système suffirait-il aux besoins du bassin du Rhône?

Remarquons que, si un chemin de fer était établi latérale-ment au Rhône, il transporterait sans nul doute non-seule-ment les matières qui prennent aujourd'hui la voie de terre, mais une bonne partie de celles qui prennent le fleuve ; d'où l'on peut conclure que le fret *à la descente* augmente-rait ; car la proportion des marchandises en descente à celle des marchandises en remonte ne serait plus comme au-jourd'hui celle de 2 à 1, mais peut-être celle de 4 à 1. D'où il suit, ou bien que les bateaux devraient être déchirés à Ar-les, ne trouvant pas de quoi remonter, ou bien que la dépense de la remonte des bateaux à vide serait plus grande qu'à pré-sent, deux cas dans lesquels le fret de descente augmenterait.

Or, parmi les matières qui descendent, le charbon de terre entre pour la plus forte portion. Un chemin de fer latéral au Rhône, établi à l'exclusion d'un canal, aurait donc pour résultat de faire monter le prix du charbon dans ce bassin, et le prix aussi des autres matières en descente, au nombre desquels doivent se trouver aussi des céréales, en raison de l'insuffisance des produits de cette nature dans toute la Pro-vence ?

Dira-t-on que si les charbons de Saint-Étienne et ses fers et ceux aussi de la Voulte et de l'Isère, ne peuvent plus descendre à aussi bon marché, Alais fera remonter les siens ?

Nous répondrons, et les détails que nous donnons dans la note A, en fournissent une preuve complète, que la cir-culation sur une ligne navigable d'une certaine étendue, et ayant aussi peu d'écluses qu'en aurait le canal latéral au Rhône (70 sur 286,000 m.) ne pourrait pas coûter de fret plus de 0 fr. 015 par tonne et par kil., et que sur le chemin de fer latéral au Rhône on ne pourrait pas calculer les frais de traction à moins de 0 fr. 045, ce qui ferait une différence par tonneau de 8 fr. 58 c. pour le parcours d'Arles à Lyon, différence considérable pour le charbon, pour le fer, pour le blé.

Dira-t-on encore qu'il vaut mieux se soumettre à cette augmentation de prix sur les matières de première nécessité que de construire le canal latéral, qui obligerait, ou bien à ne pas avoir de route en fer de Lyon à Marseille, ou si l'on veut de Paris sur la Méditerranée, ou bien à en construire une très-chèrement sur la rive droite? Nous répondrons que c'est précisément parce que la route en fer de Lyon à Marseille est une portion de la grande communication de Paris sur la Méditerranée, et par conséquent l'une des artères principales du mouvement industriel et commercial de France, que l'on peut y faire des sacrifices importans, afin de l'établir sur la rive droite.

Pour ceux qui font entrer dans la balance la considération du cas de guerre, le choix de la rive droite pour le chemin de fer de Marseille à Lyon est de beaucoup préférable à celui de la rive gauche; car cette route, dominant le fleuve, pourrait faire regarder toute cette partie de nos frontières comme inexpugnable.

Pour ceux que l'accroissement de la dépense sur la rive droite pourrait effrayer, nous ferons remarquer que cet accroissement n'est certainement pas de plus de six à sept millions, et qu'une partie de cette somme est couverte par la portion du chemin de fer de Saint-Étienne à Lyon comprise entre Givors et Lyon, et qui peut très-bien faire partie d'un chemin de fer de premier ordre, les pentes n'y étant pas de plus de 0,0016, 0,004 et 0,000565 par mètre.

Enfin nous ajoutons que, si l'on n'avait pour cette partie si importante du bassin du Rhône qu'un chemin de fer pour le transport des matières chères et des voyageurs, et pour celui des matières de première nécessité, les frais d'entretien de ce chemin ne tarderaient pas à devenir considérables, et alors il ne faudrait certainement pas compter pour les frais de traction 0,045 par kil. et par tonneau, mais peut-être 0,06.

Considérant donc, d'une part, l'importance d'une communication qui mettrait la capitale du royaume à vingt-quatre heures de distance de la Méditerranée, et de l'autre l'utilité d'une ligne navigable qui mettrait les canaux ouverts dans la partie supérieure du bassin du Rhône en communication avec ceux qui sont ouverts dans ses parties inférieures, de telle sorte que les marchandises pourraient circuler des unes aux autres sans transbordement, et peut-être en raison de l'étendue de ces lignes, moyennant un fret de 0,01 seulement par tonne et par kilomètre; considérant que c'est dlement par le bas prix des matières de première nécessité que la France peut espérer obtenir le développement de toute son industrie, et la mise en valeur des richesses minérales ou végétales de son territoire, et en particulier du bassin du Rhône, nous n'hésitons pas, malgré les difficultés locales que nous avons signalées, à persister dans notre opinion de la nécessité de faire concourir, dans le grand réseau de nos communications, les chemins de fer de premier ordre et les canaux indépendans des fleuves; et nous nous prononçons, en ce qui concerne le bassin du Rhône, pour l'établissement d'un canal latéral sur la rive gauche de ce fleuve, de Lyon à Arles, et d'une route en fer, de Givors à Avignon, sur la rive droite, et de là, à Marseille et à Toulon par la rive gauche.

Canal latéral au Rhône.

Le canal latéral au Rhône nous paraît donc une des lignes les plus essentielles et les plus intéressantes pour le pays ; c'est une de celles aussi dont les produits pourraient le mieux couvrir la dépense, ainsi qu'il résulte de documens dont nous devons l'obligeante communication à M. Cavenne, aujourd'hui inspecteur-général des ponts-et-chaussées, ingénieur en chef lorsqu'il fut chargé de l'étude de cette ligne navigable, avec sept ingénieurs sous ses ordres, MM. Montluisaut, Kermaingant, Josserand, Livache, Bouvier, Vinard et Caristie.

Parmi les pièces dont nous devons communication à M. Cavenne, se trouve le rapport de M. Brisson à la commission des canaux.

M. Brisson énonce dans ce rapport « qu'il est difficile » de présenter une étude plus complète pour une entreprise » de cette étendue, et qu'on peut citer peu d'exemples » d'un travail aussi détaillé et aussi bien approfondi. »

Nous renverrons, pour la description du tracé, à l'ouvrage de M. Dutens, sur *la navigation intérieure du royaume ;* elle y est donnée avec tous les détails nécessaires, tom. II, page 22. Nous nous contenterons de dire que le canal part de Lyon, à peu de distance au-dessous du confluent de la Saône et du Rhône, de manière à pouvoir envoyer ou prendre facilement, à ces deux rivières, les bateaux qui voudront continuer à remonter ou à descendre sans s'arrêter à Lyon. Le canal, avant d'arriver à Vienne, passe devant Givors; une écluse de descente au fleuve, d'une chute de 5ᵐ,55, est construite en cet endroit, de sorte que les bateaux n'auront qu'a traverser le fleuve pour entrer dans l'un ou l'autre canal. Nous avons déjà parlé des difficultés de la traversée de Vienne; on en rencontre de semblables pour la traversée de Saint-Vallier, où l'on passe le torrent de la Galause par un pont-aquéduc. On traverse ainsi encore l'Isère, puis on passe sous Valence également en surmontant d'assez graves difficultés : la Vioure, la Drôme, le Roubion, la Lez, l'Aigues, la Sorgue sont franchis par des ponts-aquéducs, ainsi que la Durance au-dessus d'Avignon. Jusqu'à ce point, le canal a des dimensions semblables à celles des canaux de grande section ordinaire de France. A compter d'Avignon jusqu'à Arles, on a pensé qu'il fallait lui donner les dimensions du canal d'Arles à Bouc, afin que les petits navires de Marseille et autres ports de la Méditerranée y pussent être admis, savoir : 14ᵐ,40 au plafond, 22,40 au plan de flottaison, et 2 mètres de profondeur d'eau. Les écluses doivent avoir 8 mètres entre les bajoyers, et 38 mètres entre les bucs.

Le nombre des écluses serait de 70.

Le nombre des ponts-aquéducs serait de 258, dont 213 au-dessous de 4 mètres de long; 24 de 4 mètres à 10 m.; 16 de 10ᵐ à 51 m., et cinq, ceux de l'Isère, de la Drôme, du Roubion, de l'Aigues et de la Durance, ayant ensemble 43 arches d'une longueur totale de 690ᵐ,60, et moyenne de 13ᵐ,74.

La dépense en était évaluée par M. Cavenne à

37,500,000 fr., et par M. Brisson à 35,500,000 fr. Nous maintiendrons l'évaluation de l'auteur du projet.

Quant aux produits de cette entreprise, nous extrayons du travail de M. Cavenne les résultats suivans :

Il remonte par eau,

1° D'Arles à Tarascon	20,478 ton.
2° De Tarascon jusqu'a Lyon	73,587
3° De Givors à Lyon	77,805

Il descend par eau,

4° De Tarascon à Arles	56,708
5° De Lyon à Tarascon	123,000
6° De Lyon à Givors.	56,000
7° Le roulage de Marseille à Lyon est de	32,000
8° Le roulage de Lyon à Marseille de. .	15,000

En conséquence on établit comme il suit les produits du canal latéral du Rhône, en supposant un droit de 40 c. par tonneau et par distance de 5 kilomètres, et en supposant qu'on ne prendrait que les 4/5 du roulage ascendant, et que le roulage descendant prendrait le Rhône jusqu'à Tarascon, et continuerait ensuite sur le canal :

1° 91,666 tonneaux d'Arles à Tarascon, et réciproquement à raison de 1 fr. 60 c. pour 4 distances.	146,665 f. 60 c.
2° 98,067 tonneaux de Tarascon à Lyon, à raison de 21 fr. 20 c. par tonneau pour 53 distances.	2,079,020 40
3° 77,000 tonneaux de Givors à Lyon, 1 fr. 60 c. pour 4 distances. .	124,488
A reporter.	2,350,174

Report. . . . 2,550,174

4º Enfin, pour le péage du pont de la Durance, l'établissement d'une barque de poste, la vente d'eaux pour l'arrosage, la cession de chute d'eau, l'affermement des francs-bords, la remonte des bateaux à vide, et les transports intermédiaires du canal, on ajoute — 279,826

Total — 4,650,000

D'où l'on déduit :

1ª Les frais d'entretien, à raison de 1,000 fr. le kilomètre, ci 285,000
2ª Les frais d'administration 90,000 } 575,000

Produit net — 2,255,000

En n'ajoutant pas à la somme de 57,500,000, à laquelle est évaluée le canal, celle des intérêts pendant a construction, on voit que ce produit présenterait 6 %.

Mais nous avons quelques observations à présenter sur l'évaluation des produits.

Le tarif de 0ʳ,40 par tonneau et par kilomètre nous paraît trop élevé, soit comme tarif moyen, soit comme tarif général. L'auteur du projet a reconnu la force de cette objection, et, dans la pensée qu'elle pourrait être faite, il a divisé les tarifs en quatre ou cinq séries de 0ʳ,25, 0ʳ,50, 0ʳ,40 et 0ʳ,44 par distance et par tonneau, et, les appliquant aux diverses quantités de marchandises, il arrive à un résultat moindre de 200,000 fr. environ. On ne doit donc porter pour la remonte que. . . . . 1,879,000 f.

Mais on n'a pas fait entrer dans ces calculs les produits de la descente des marchandises, supposant qu'elles continueraient à prendre la voie du Rhône; nous regardons cette opinion comme mal fondée.

La descente par le Rhône coûte, par terre, 35 fr., et par eau , de 12,50 à 30 fr. ; la moyenne doit être portée à 18 fr. au plus. . .

En supposant donc que le nolis fût de 0^f,015 par kilomètre, soit pour toute la longueur. 4,275

On pourrait imposer un droit de 0^f,10 qui, pour 54 distances, ferait. 5,400

Total 9,675

Ce droit présenterait donc de l'économie sur le fret de descente du Rhône, après la création du canal latéral, d'autant plus que ce fret augmenterait nécessairement (1), ainsi que nous l'avons dit plus haut.

A reporter. 1,879,000

(1) On répondra peut-être que le fret de descente n'augmentera pas, parce que les bateaux vides remonteront le canal. *Cela dépendra du tarif de remonte.* Quant à nous, en présence de l'extrême importance du canal et de la nécessité de lui assurer le plus de produits possibles, nous ne comprendrions qu'un tarif qui *n'augmenterait pas* la dépense des bateaux vides à la remonte , mais aussi QUI NE LA DIMINUERAIT PAS.

| | Report. . . . 1,879,000 |

Nous appliquons ce tarif :

1° Avec 123,000 tonneaux descendant par eau ;

2° Avec 8,000 tonneaux environ descendant par terre et non comptés ci-dessus.

Total 131,000 à 5,40.	707,400
Produits du canal de Givors.	271,153
Les produits accessoires comme ci-dessus	279,826
Total des produits bruts	3,137,389

D'où il faut déduire les frais d'entretien et d'administration évalués trop bas, suivant nous, à 575,000, et que nous croyons pouvoir s'élever à. 537,359

Produit net 2,600,000

Ce qui présente pour 37,500,000 fr. de dépense, non compris les intérêts, pendant la construction, près de 7 0/0.

Tels sont les produits qui pourraient être espérés du canal latéral au Rhône, non pas dans la première année sans doute; car, dans des travaux de ce genre, il faut faire la part des habitudes prises et du temps nécessaire pour les modifier; mais en raison de l'avantage évident que présenterait le canal sur la rivière, nous pensons que ces habitudes seraient bientôt vaincues, et que le canal du Rhône obtiendrait rapidement des produits supérieurs même à ceux que nous venons d'indiquer.

Si le canal latéral au Rhône forme la portion la plus

essentielle de la canalisation de ce bassin, il n'établirait pourtant pas encore une jonction bien complète d'une part, avec les canaux supérieurs et qui viennent déboucher dans la Saône, de l'autre avec le port principal du bassin, Marseille.

Amélioration de la Saône.

La Saône offre une navigation beaucoup plus facile que le Rhône (1) ; toutefois elle a besoin d'importantes améliorations, et de Gray à Châlons, nous croyons que son cours doit être remplacé par un canal latéral; la longueur de ce

(1) M. Cordier a présenté des projets tant pour l'amélioration de la navigation de la Saône que pour la jonction de cette rivière à la Moselle, dans un travail ayant pour titre : *Mémoire sur le canal de jonction de la Saône à la Moselle*, Paris, 1828. Nous ne pouvons regarder comme suffisante l'amélioration par barrages qu'il propose pour la Saône entre Gray et Châlons. Quant à son projet de canal de la Saône à la Moselle, nous pensons qu'aujourd'hui M. Cordier n'y persiste pas. Il proposait un canal, en effet, à l'exclusion de chemins de fer, qu'il regardait alors (page 37), comme « n'étant profitables que dans des états où des contrées entières appartiennent à un seul propriétaire, et dans les localités particulières de France où l'on ne transporte qu'une espèce de marchandise.... » etc. Mais depuis ce temps, M. Cordier a bien reconnu que cette opinion n'était pas fondée, et nous voyons en effet dans un travail publié par lui, deux ans après (*De la Nécessité d'encourager les Associations*, etc., Paris, 1830), qu'il propose cinq chemins en fer de Paris sur Genève, sur Dieppe, sur Nantes, sur Strasbourg, sur Landrecies, estimant que «la plupart des transports s'effectueraient sur ces voies nouvelles plus vite et à meilleur marché » (page XVII).

canal serait d'environ 125 kil., qui, à 125,000 fr. le kil.,
feraient une somme de 19,000,000.

Quant à la partie comprise entre Châlons et Lyon, et
dont la distance est de 145 kil., nous évaluons les perfectionnemens à y faire à 10,000,000 fr.

Canal de Bouc à Marseille.

Nous avons vu que le canal latéral au Rhône est conduit
jusqu'à Arles, et qu'une partie de ce canal, celle comprise
entre Arles et Avignon, aura des dimensions qui, comme
celles du canal d'Arles à Bouc, lui permettront de recevoir
de petits navires. C'est par là que le canal latéral au Rhône
se trouvera en communication avec Marseille. Nous avouons
que cette communication ne nous paraît pas suffisante, car
elle impose aux marchandises des déchargemens, des manutentions et des commissions qui ajoutent au prix de la
marchandise sans accroître la valeur réelle, et qui consom-
ment d'ailleurs beaucoup de temps. Que les villes d'Arles,
de Tarascon, d'Avignon, reçoivent directement des cargaisons par les navires qui peuvent ou pourront arriver jusque
sous leurs murs, et qu'elles les chargent ensuite sur les canaux, rien de mieux ; mais quant à ce qui vient du port
principal du bassin, on ne saurait nier, sans doute, qu'il
serait bien préférable qu'elles pussent arriver directement et
sans transbordemens *par bateaux ordinaires* de Marseille à
Lyon.

C'est ce qui pourrait être obtenu par un canal du port de
Bouc à Marseille, *ayant les mêmes dimensions que celui de
Lyon à Arles*. M. Brisson pense que ce canal coûterait
15,000,000 fr. ; mais c'est en supposant l'exécution du

grand canal de Provence pour l'irrigation, canal dont nous parlerons au chapitre suivant.

Il y aurait moyen aussi, à ce qu'il paraît, de traverser les étangs de Berre et de Marignane, qui sont voisins du port de Bouc; on traverserait, par un souterrain de 6,000 mètres de long environ, le seuil qui sépare ces étangs de la côte, et le canal paraît ensuite pouvoir être tracé sur la côte. Le canal devrait être d'un seul bief, dont le plafond serait au niveau de l'étang de Berre, afin que le souterrain pût être creusé sans difficulté, et le canal serait alimenté par une machine à vapeur relevant les eaux de l'étang de Berre de la hauteur d'eau du canal, 1 mètre 65 cent.

Il paraît que ce canal pourrait s'exécuter pour 9,000,000 francs.

Lignes secondaires.

Au premier rang des lignes de navigation secondaire à établir dans le bassin du Rhône nous mettrons celles qui, par la Saône, lui ouvriraient une communication sur le bassin de la Meuse et sur celui de la Moselle. Pour la jonction avec le bassin de la Moselle, M. Brisson propose deux directions : l'une par la Saône et le Madon ; l'autre, par un chemin de fer qui gagnerait la Moselle supérieure à Épinal.

Nous sommes portés à croire que ces trois communications s'établiront plus avantageusement en chemins de fer qu'en canaux de petite section. La longueur de ces chemins serait d'environ 350 kil., qui, à 80,000 fr. le kil., en raison des difficultés du terrain, coûteraient 28,000,000 fr.

Chemin de fer d'Alais à Beaucaire.

Un chemin de fer est en ce moment soumissionné d'Alais à Beaucaire. Ce chemin a de l'importance comme mettant en communication les belles mines et forges d'Alais avec la navigation du bassin du Rhône; il paraît que la dépense en est évaluée à 6,000,000 fr.

M. Brisson propose encore quelques lignes secondaires dans le bassin du Rhône; nous en avons nous-mêmes indiqué déjà quelques-unes, et énoncé l'opinion que la majeure partie devait être en chemins de fer de second ordre.

Nous supposerons que leur longueur serait de 500 kil., qui, au prix de 100,000 fr. le kil., feraient 50,000,000 francs.

CINQUIÈME SECTION.

BASSINS SECONDAIRES.

Les travaux principaux à exécuter dans les bassins secondaires nous paraissent être :

1o Le canal latéral à la Moselle, d'Épinal au canal de la Seine au Rhin, sur une longueur de 65 kil., et en petite section, qui, à 80,000 fr. le kil., feraient   5,200,000 f.

2o Un canal latéral à la Moselle, du canal de la Seine au Rhin, jusqu'à Sierck, en passant par Metz, sur une longueur de 120 kil. en grande section, qui, à 100,000 fr. le kil., les localités étant assez difficiles, à ce que nous pen-

A reporter. . . .   5,200,000

Report. . . .	5,200,000
sous, feraient	12,000,000

3° La canalisation de la Meuse, du point où elle est traversée par ce même canal de la Seine au Rhin, jusqu'à Givet, sur une longueur de 339 kil. M. Sartoris évalue la dépense de cette canalisation à 10,000,000 fr. (1). Cette somme, qui ne ferait que 30,000 fr. environ par kil., nous paraît trop faible ; nous porterons 15,000,000

4° Des améliorations dans les rivières de la Rille, de la Toucques et de la Dive, que nous évaluons en bloc à 8,000,000

5° L'amélioration de la rivière d'Orne et la construction d'un canal latéral à cette rivière de Caen à la mer, avec construction d'une entrée pour amener à Caen des navires d'un plus fort tonnage. Nous évaluons ces travaux à 8,000,000

On a proposé pour l'embouchure de la rivière d'Orne un barrage éclusé; la dépense paraît devoir en être moins grande que celle d'un canal latéral; mais il y a lieu de croire qu'un canal latéral assurerait mieux la navigation.

A reporter. . . . 48,200,000

(1) *Notice sur le canal de la Vesle, et sur la canalisation de l'Aisne et de la Meuse*, p. 15.

Report. . . . . 48,200,000 l.

Quelques autres lignes ont été proposées encore, soit dans le bassin de la Somme et dans le Nord, soit dans le bassin de la Charente, soit dans les autres petits bassins. Elles forment, dans l'ouvrage de M. Brisson, une somme totale de 120,000,000 fr. environ. Nous les compterons pour. 11,800,000

TOTAL. . . . . . 60,000,000 f.

Si l'on récapitule les divers travaux proposés dans ce chapitre, l'on trouvera que leur dépense s'élève à 803,950,000 fr.

La masse totale des travaux de canalisation proposés par M. Brisson est, savoir :

Pour les canaux de grande section,
de. . . . . 329,557,000 f.

Et pour ceux de petite section, de.   745,926,000

TOTAL. . . . . . 1,075,483,000 f.

Mais M. Brisson ne propose pas les deux canaux maritimes de Nantes et de Bordeaux, ni les canaux latéraux à la Loire, à la Garonne, à la Haute-Loire, à l'Yonne, à la Saône, à l'Aisne, à la Meuse, ni les travaux dans la Seine entre Paris et le Havre, ni les augmentations aux canaux de Briare et d'Orléans. Ces travaux composent 550,000,000 f., ce qui porte à 620,000,000 fr. la différence des travaux proposés par nous et de ceux proposés par M. Brisson. Cette

13

différence s'applique principalement aux lignes secondaires, dont l'exécution nous a paru pouvoir être remise à un temps plus éloigné.

La dépense des lignes de navigation proposées par M. Dutens est de 1,158,000,000 fr., et c'est aussi par la moindre importance donnée par nous aux lignes secondaires que nous différons principalement de M. Dutens.

L'on peut remarquer, d'ailleurs, que ce qui distingue principalement le système général que nous venons d'esquisser pour la navigation intérieure, de ceux qui ont été présentés par M. Brisson et Dutens, c'est que, dominés par cette vue, qui nous paraît capitale, que tout doit être fait pour établir une union solide, complète, *entre la navigation maritime et la canalisation*, nous demandons *pour des canaux latéraux remplaçant les fleuves et liant les ports aux canaux à point de partage déjà exécutés*, et aussi pour des *perfectionnemens à l'embouchure des fleuves difficilement accessibles aux navires*, près de 200,000,000 fr., qui ne sont pas portés en compte par ces deux ingénieurs. Et cependant M. Brisson ne méconnaît pas la nécessité des améliorations que nous avons indiquées pour les fleuves. Ainsi, par exemple, nous trouvons, à la pag. 14 de son ouvrage sur le système général de la navigation intérieure :

« L'Yonne a besoin de perfectionnemens entre son em-
» bouchure dans la Seine et Brinon, où commence le ca-
» nal de Bourgogne. On s'occupe dans ce moment d'en
» étudier les projets. »

A la même page : « La navigation de la Saône, quoique
» bonne généralement, réclame quelques perfectionnemens
» dont on s'occupera sans doute avant peu. »

A la pag. 26 : « La navigation de la Garonne a besoin
» de grandes améliorations. » Mais M. Brisson ne propose
cependant de canal suppléant cette navigation que jusqu'à Moissac.

A la pag. 25 : « On a proposé de créer un canal latéral à
» la Loire tout du long de son cours, de Briare jusqu'aux
» environs de Nantes, pour faire suite à celui qu'on exé-
» cute de Digoin à Briare; d'une autre part, on a projeté
» d'améliorer le lit de cette rivière dans la même étendue
» par des ouvrages propres à en réunir les eaux pendant
» l'été. Des essais s'exécutent pour s'assurer des résultats
» qu'on peut espérer de ce dernier système, qui, s'il est
» suffisant, offrirait l'avantage de l'économie.

» Au-dessus de Nantes, on doit diminuer le nombre des
» bras du fleuve de manière à assurer aux bâtimens de mer un
» chenal de 4 mètres de hauteur aux marées de hautes eaux,
» depuis l'embouchure jusqu'à Nantes. » Nous ferons remarquer ici qu'un tirant d'eau de 4 mètres ne permet de
recevoir que des navires de 200 a 250 tonneaux ; que ce
tonnage est insuffisant pour des voyages de long cours, et
que le fret en est plus coûteux, et qu'il faut donner à Nantes
la possibilité de recevoir au moins des navires calant 5 mètres, c'est-à-dire de 450 à 500 tonneaux.

Les diverses améliorations reconnues nécessaires, comme
on vient de le voir, par M. Brisson, ne sont cependant pas
portées en compte par lui dans le relevé général des dépenses de la canalisation.

Au moment où M. Brisson écrivait, il est hors de doute
que l'on attachait beaucoup moins d'importance qu'aujour-
d'hui à la régularité et à la sûreté des communications.

Mais l'un de nous a eu l'occasion de converser plusieurs fois avec cet homme si distingué bien peu de temps avant sa mort, et de discuter avec lui les vues présentées dans son ouvrage *Du Canal maritime de Paris à Rouen*, sur la nécessité de joindre fortement la navigation maritime à la navigation intérieure. Le suffrage d'un tel homme est trop honorable et trop grave pour le taire : M. Brisson avait vivement applaudi à ces vues, et c'est le souvenir de ses encouragemens qui nous y fera surtout persister.

CHAPITRE VIII.

Travaux publics, autres que des voies de communication, susceptibles d'être entrepris par des compagnies, au moyen d'une
subvention du gouvernement. — *Docks*, ou bassins éclusés avec
entrepôts administrés par des compagnies particulières. — Des
docks de Londres. — Description de ces docks. — Détails de
leur organisation. — Entrée des navires dans le dock. — Pré-
paration au déchargement. — Surveillance simultanée des agens
de la douane et de ceux de la compagnie propriétaire du dock.
Déchargement du navire. — Arrimage dans les magasins. —
Règles pour cet arrimage. — Économie dans le service de la
douane. — Avantages des docks. — Titre de propriété des marchandises, ou *warrant*, remis par les compagnies aux négocians. — Détails sur les *warrants*. — Maison commerciale, à
Londres. — Application de ces faits aux ports français de Marseille, Bordeaux, Nantes, le Havre, Rouen. — Détails sur l'in-
troduction du système des docks en France. — De l'Entrepôt
de Paris. — Distributions d'eaux dans les principales villes de
France. — Améliorations dans les ports. — Travaux intéressant
l'agriculture. — Fermes-modèles. — Assainissement et culture
des landes de Gascogne. — Travaux analogues en Bretagne,
en Champagne, en Sologne, etc. — Canal d'irrigation de Provence. — Irrigation et plantation de la Camargue. — Canaux
d'irrigation dans le Midi. — Travaux concernant l'industrie métallurgique. — Résumé des travaux proposés.

Nous avons a rechercher dans ce chapitre quels seraient les travaux qui, par leur combinaison avec l'ensemble de voies de communication esquissé dans les deux chapitres précédens, pourraient contribuer le plus directement à la prospérité au pays.

Nous rappelons, d'ailleurs, que nous n'avons à mentionner ici que des travaux qui puissent être exécutés par des compagnies, par l'espoir qu'ils leur présenteraient un produit plus ou moins considérable, en raison duquel elles solliciteraient du gouvernement une prime plus ou moins forte.

Nous rappelons aussi que nous n'avons pas la prétention de fournir des systèmes définitifs; en proposant les travaux qui nous paraissent les plus utiles et les plus urgens, nous n'ignorons pas qu'il peut nous en échapper de plus urgens, de plus utiles. De telles erreurs sont inévitables, quand on essaie d'ouvrir une carrière nouvelle.

Bassins éclusés avec entrepôts.

Au premier rang des travaux qui nous paraissent les auxiliaires les plus importans des grands travaux de communication, nous placerons l'établissement de *bassins éclusés avec entrepôts* dans nos ports principaux, Marseille, Bordeaux, Nantes, le Havre, Rouen. Pour que l'on puisse prendre une idée exacte de ces établissemens, nous extrayons de l'ouvrage de l'un de nous la description qu'il a donnée des établissemens de ce genre à Londres (1).

(1) *Du canal maritime de Paris à Rouen*, tome IV, pages 90 à 112.

« Le port de Londres se compose :

1º De magasins que les navires peuvent accoster, et le long desquels ils viennent se ranger à la haute marée, restant échoués pendant la basse mer. Ces magasins reçoivent les marchandises par les navires ou les bateaux qui viennent s'y faire décharger, et les marchandises sortent par la face opposée du magasin, d'où on les descend, au moyen de grues, sur les haquets, comme on les a hissées des navires. Les grues sont fixées sur les deux faces du magasin; et pour chaque travée, il y a une grue à l'étage le plus élevé, et quelquefois plusieurs; une, par exemple, au second étage, et une au quatrième.

» 2º De docks, ou bassins éclusés dans lesquels les navires entrent à la haute marée, et où ils trouvent une profondeur d'eau constante, ce qui leur évite les avaries des échouages, et ce qui rend les déchargemens bien plus faciles et plus économiques.

» Les magasins qui bordent la Tamise étaient devenus tout-à-fait insuffisans pour le commerce de Londres; les rues parallèles à la Tamise, et par lesquelles sortent les marchandises entrées du côté de la rivière, sont extrêmement étroites, et pour la plupart ne laissent de passage qu'à une seule voiture, ce qui produit un encombrement continuel. La plus grande partie de ces magasins, d'ailleurs, est rapprochée du pont de Londres, et les gros navires ne peuvent remonter jusqu'à ce pont; de là, la nécessité des docks (bassins éclusés), soit pour éviter la contrebande qui naissait du déchargement des grands navires au milieu de la rivière, soit pour donner des moyens de débarquement et de circulation plus commodes et plus rapides.

» Trois docks principaux sont établis à Londres : le dock de *Londres*, le dock des *Indes occidentales* et le nouveau dock de *Sainte-Catherine*.

» Ces trois docks sont des concessions perpétuelles faites à des compagnies qui font opérer *par leurs agens* le déchargement des navires qui entrent dans leurs bassins; ces mêmes compagnies pèsent, vérifient et manutentionnent la marchandise. Cette manutention ne se borne pas à un simple déplacement, mais à tout ce qui tient au conditionnement et à la conservation des colis; en un mot, ces compagnies se chargent, moyennant tarifs, de tout ce qui tient au matériel de la marchandise; elles en épargnent entièrement le soin au négociant, qui se trouve ainsi dispensé d'avoir des magasins et des commis pour le stationnement et la manutention de ses marchandises.

» Les docks font en grand, et avec l'avantage et l'économie qui résultent de la concentration des forces, ce que les magasins situés sur les bords de la rivière font en petit; ces magasins appartiennent à des particuliers, qui, soit pour leur compte, soit surtout pour celui des commerçans, reçoivent, manutentionnent et emmagasinent la marchandise.

» Enfin les docks et une partie des magasins qui bordent la Tamise sont entrepôts; et ce qu'il y a de remarquable, c'est que le système de l'entrepôt date, à Londres, de l'ouverture des docks. Les garanties que ces entreprises offraient au gouvernement lui parurent si complètes, que l'on n'hésita plus à faire cette grande concession au commerce.

» Un premier fait, et il est de la plus haute importance, résulte de ceci : c'est que le port de Londres et ses entrepôts sont administrés par des particuliers qui, soit dans les docks, soit dans les magasins situés sur la rivière, sont les entrepositaires du commerce, ses peseurs, ses tonneliers, ses vérificateurs, ses manutentionnaires.

» Pour faire bien comprendre les avantages et les garanties que ce système offre à l'état et au commerce, nous entrerons ici dans quelques détails sur l'organisation des docks de Londres.

» Ces docks consistent en de longs bassins bordés de magasins; entre les magasins et le bassin se trouve un quai couvert d'un hangar; c'est là que les marchandises sont pesées, vérifiées, conditionnées. De là, prises par des grues, elles sont emmagasinées, et, lorsqu'elles doivent en sortir, c'est par la face opposée du magasin que d'autres grues les descendent sur les chariots qui les emportent. Ainsi l'entrée et la sortie du magasin sont parfaitement distinctes, et la comptabilité comme la surveillance sont également faciles.

» C'est par la compagnie propriétaire du dock et par ses agens que toutes les opérations sont faites; le négociant, propriétaire de la marchandise, y assiste, s'il le veut. Mais au dock des Indes occidentales, les soins donnés aux marchandises sont si bien connus du commerce, que le négociant, pour la plupart du temps, se contente d'envoyer au dock pour y prendre les comptes de débarquement, et les warrants, titres de propriété de la marchandise, que nous ferons connaître tout à l'heure.

» Aussitôt l'entrée dans le dock, toutes les formalités relatives aux déclarations, aux manifestes, etc., doivent être remplies par le capitaine du navire.

» Le navire, amarré aux quais de la compagnie, est

préparé au déchargement, suivant des réglemens qui ont pour objet d'écarter tout détail accessoire, et de laisser à la surveillance toute son activité, en la concentrant sur l'objet principal.

» Les déchargemens sont faits, soit entièrement par les agens de la compagnie, si l'équipage a été licencié à l'entrée dans le port, soit par l'équipage et par les agens de la compagnie.

» Pour que l'on puisse se rendre bien compte de la manœuvre qui s'opère alors, il est nécessaire de dire que, sur le bord du quai auquel est amarré le navire, se trouvent une ou plusieurs grues destinées à transporter la marchandise du navire sous le hangar, où elle est mise à couvert pour être manutentionnée; sous le hangar, et un peu à droite de la grue, se trouvent des balances d'un maniement extrêmement simple et facile; et en face de ces balances une petite guérite vitrée où deux hommes sont assis : l'un est un employé de la douane, l'autre un employé de la compagnie. Ces deux employés sont à leur poste avant que le déchargement commence; les copies des manifestes de la cargaison leur ont été remises; ils ont préparé leurs registres (checks), et n'ont plus que le poids à inscrire, et à rectifier ou ajouter tout ce qui manquerait au manifeste.

» D'autres employés de la compagnie et de la douane sont en même temps sur le navire, et à l'ouverture des écoutilles font une première inspection et un premier rapport sur l'état de la cargaison; le capitaine doit prendre lecture de ce rapport, et, en cas de contestation, le rapport et la réponse sont portés à la direction de la douane.

» Le déchargement commence : les agens de la compa

gnie, ou l'équipage s'il est resté, attachent la marchandise dans le navire. Si tout se fait par les agens de la compagnie, elle est responsable de tout, sinon l'équipage est responsable de l'attache de la grue, et la compagnie est responsable du reste.

» A mesure que le déchargement s'opère, les avaries, s'il y a lieu, sont constatées, d'une part, par les employés de la douane; de l'autre, par les agens de la compagnie, stipulant pour le commerce. On répète ici qu'au dock des Indes Occidentales la confiance du commerce dans la compagnie est poussée à un tel point, qu'il s'en rapporte complétement à elle du soin de débattre et de fixer les avaries avec la douane.

» Les colis sont mis à quai à mesure du débarquement; là, ils passent d'abord entre les mains des tonneliers, qui, divisés par brigades et sous les ordres de chefs et lieutenans tonneliers, responsables du conditionnement à la livraison, examinent la marchandise, et en mettent les colis en état d'être pesés et emmagasinés. De là, les colis passent aux marqueurs. Des marqueurs soigneux et expérimentés, dit le réglement de la compagnie, doivent être employés à la marque des colis : la marque doit porter le numéro de rotation du navire, le numéro porté sur le manifeste, et la date de l'année.

» Les colis sont alors placés sur la balance, dont les poids, les plateaux et les crochets, doivent être ajustés au moins une fois par jour.

» Les poids doivent être uniformément arrangés sur le plateau, et être placés en ligne les uns au-dessus des autres, afin que les erreurs des peseurs puissent être découvertes

et rectifiées promptement par les deux commis dont nous
avons parlé tout à l'heure; celui de ces deux commis qui
est au compte de la compagnie doit insister, dit le réglement, pour que cet arrangement des poids sur les plateaux
soit toujours suivi; et, afin que sa surveillance et celle de
l'employé de la douane puissent être exactes et continuelles,
ils doivent être placés de manière à avoir la vue complète
de la balance.

» Aucunes barriques ou colis ne doivent sortir de la
balance avant que ces commis n'aient écrit clairement les
marques, poids, etc.

» Des échantillons sont pris alors ; ce sont les tonneliers
qui en sont chargés sous l'inspection de leurs chefs; ces
échantillons sont réunis sous les ordres du principal ton-
nelier, le soir de chaque jour, afin que le lendemain matin
ils puissent être portés au bureau de la compagnie à la Cité,
d'où les négocians peuvent les retirer.

» Lorsque le débarquement est fini, l'employé de la
douane, qui était sur le navire, et qui a inscrit le nombre
et la nature des colis, rapproche son état de ceux qui ont
été dressés par l'employé de la douane et par celui de la
compagnie, qui étaient ensemble sur le quai ; et si quelques
différences sont observées, le rapport en est adressé immédiatement à l'inspecteur des docks, afin que toutes les recherches possibles soient faites à l'instant.

» Le compte de débarquement, que le commis de la
compagnie a dressé pendant que cette opération se faisait,
est remis par lui au garde-magasin. Le garde-magasin est
responsable du bon arrimage des marchandises; les sucres,
par exemple, doivent être placés dans le magasin dans la

même position qu'ils avaient dans le navire, et les colis avariés ne doivent jamais être arrimés ou empilés avec ceux qui sont en bon état.

» L'arrimage doit être fait, d'ailleurs, de manière à permettre accès à tous les colis.

» Le stationnement des marchandises dans les magasins, leur conservation, la livraison au commerçant, l'exécution de ses ordres, s'il veut un repesage ou des manutentions particulières, sont confiés à des agens de la compagnie, mais toujours simultanément avec des employés de la douane; avec cette différence qu'il y a pour la compagnie un chef dans chaque magasin, et que l'employé de la douane, dont les fonctions sont plus simples puisqu'elles se bornent à la surveillance, a plusieurs magasins sous son inspection.

» L'on peut se faire une idée de l'économie que ce système apporte à l'état pour le service de la douane : cinquante-deux employés seulement de la douane font le service des deux docks de Londres. Trois cent mille tonneaux de marchandises exotiques sont manutentionnés sous leurs yeux et surveillés par eux dans les magasins; quant aux garanties que l'état trouve dans ce système des docks pour le paiement des droits et contre toute fraude, l'on voit combien elles sont complètes, et à quels contrôles continuels la comptabilité se trouve soumise.

» Les détails dans lesquels nous venons d'entrer peuvent, sans doute, donner une idée complète de l'ordre, de la régularité, de la simplicité qui règnent dans toutes les opérations que nous avons décrites. C'est un spectacle plus intéressant qu'on ne saurait le croire que celui du déchar-

gement d'un navire chargé de sucre dans le dock des Indes
occidentales; l'attention silencieuse que chacun y apporte
à ses fonctions, l'observation rigoureuse de réglemens qui,
à la lecture, semblent minutieux et sévères, et qui, à mesure qu'on les voit s'accomplir sous ses yeux, paraissent
simples et faciles comme tout ce qui est le résultat de l'habitude et de la pratique; l'accord parfait qui règne entre les
employés de la douane et ceux de la compagnie; l'art avec
lequel l'outil ou la machine la plus commode est appliqué
a chaque manutention; la rapidité qui règne dans les ma-
nutations, tout cela commande une attention sérieuse. Ces
combinaisons amènent avec elles tant de sécurité pour l'état
et pour le commerce, et aussi tant d'économie, que l'on
ne peut se lasser de les étudier, et l'on ne se sent pas étonné
que cette étude conduise quelquefois jusqu'a l'admira-
tion.

» Si l'on cherche maintenant à définir nettement le rôle
des compagnies propriétaires de docks dans le commerce
de Londres, l'on trouve que ces compagnies sont des manutentionnaires et des gardes-magasin désintéressés, inter-
posés entre l'armateur et le négociant d'une part, et entre
le spéculateur, ou le fabricant, ou le consommateur de
l'autre. Au lieu de magasins, de comptoirs disséminés dans
la ville, ce sont des magasins communs où s'obtient toute
l'économie qui résulte d'une seule volonté, d'une seule
action, d'une seule surveillance; par là le négociant est
dispensé d'avoir des magasins, et tout le personnel qu'ils
exigent: ainsi débarrassé des soins qu'il devrait donner à la
manutention des marchandises, certain que tous ces détails
sont suivis avec toute l'habileté que donne l'habitude de

faire une seule et même chose, il peut se livrer avec moins de frais de toute nature à ses opérations de commerce, et y consacrer une attention que rien ne détourne plus.

» Mais les docks de Londres, et surtout le dock des Indes Occidentales, sont fort éloignés de la Cité; et si, pour consommer la vente de ses marchandises, le négociant, qui ne les a pas sous sa main, devait aller aux docks avec les acheteurs justifier de sa propriété et des qualités de la marchandise, il perdrait son temps en allées et venues; mieux vaudrait pour lui faire la dépense de magasins et de commis.

» Voici comment il est pourvu à cet inconvénient, et le système que l'on a introduit pour cet objet est un des fondemens les plus certains de la prospérité du port de Londres, et du maintien du principal marché de l'Europe sur cette place si excentrique et si incommode pour la plus grande partie du continent.

» Lorsque les marchandises sont en magasin, les compagnies des docks remettent à chaque important, après les justifications nécessaires, une reconnaissance (*warrant*), qu'elles ont reçu et emmagasiné pour son compte, telle quantité de marchandises de tel poids, de telle qualité; le *warrant* indique, pour chaque colis, le numéro de l'échantillon qui a été porté, comme nous l'avons dit, à la Cité, c'est-à-dire au centre des affaires.

» Avant que le *warrant* soit remis au propriétaire de la marchandise, il a dû donner, comme nous l'avons dit, les justifications nécessaires de sa propriété, et, à cet égard, les réglemens de la compagnie ne peuvent laisser craindre la fraude.

» Lorsqu'il a ainsi justifié de la propriété, les comptes

de débarquement et les certificats d'avarie sont envoyés au commerçant; s'il y a arrêt pour le paiement du fret, on le lui fait connaître; alors si le négociant a fait venir pour le compte d'autres personnes, il leur remet des ordres de livraisons.

» Les porteurs de ces ordres font alors emmagasiner, c'est-à-dire transférer à leur nom sur les livres les marchandises, et on leur en délivre les *warrants,* ou bien ils peuvent passer l'ordre de livraison par endossement : le *warrant* est toujours remis au dernier porteur.

» Les *warrants* sont transmissibles par endossement ; l'endossement constitue la vente légale, et les *warrants* ne sont sujets à retour dans les dix-huit jours qui précèdent les faillites qu'autant que la vente porte un caractère évident de fraude, d'après les opérations du failli.

» Les *warrants,* pour les marchandises qui sont ordinairement vendues sans les mettre en lots, sont délivrés pour les quantités généralement trouvées convenables dans les usages de la place. On peut, au reste, faire diviser ces *warrants* par la compagnie, sous tels nombre et forme que l'on désire, et ces changemens s'exécutent moyennant des tarifs fort modérés.

» Lorsqu'un *warrant* est perdu, l'avertissement doit en être donné à la compagnie, et inséré dans les papiers publics; la compagnie retient alors la marchandise, et le premier *warrant* devient nul entre les mains du porteur qui viendrait à le représenter, s'il ne justifie pas d'une suite d'endossemens réguliers; la compagnie, au bout de sept jours d'avertissement, consent à délivrer des duplicata de *warrants,* mais sous caution de l'indemniser, en cas que le premier soit retrouvé, et puisse donner un titre contre elle.

» Toute irrégularité dans les endossemens, et toute tentative de faire disparaître cette irrégularité en endossant sans pouvoir les *warrants*, est invariablement rendue publique et de la manière la plus sévère par la compagnie.

» Ainsi, par le système des docks, le négociant n'a point à s'occuper du matériel de la marchandise; il est dispensé d'avoir des magasins et des bureaux, et par celui des *warrants* il peut mettre sa marchandise en portefeuille, comme toute autre valeur circulable.

» Les résultats d'un tel ordre de choses sont, on peut le dire, incalculables; jeter ainsi dans la circulation un capital aussi considérable et aussi réel que celui des marchandises en stationnement sur le marché de Londres, c'est un des plus heureux efforts du génie commercial de l'Angleterre.

» Il faut être instruit de ces faits pour s'expliquer et comprendre, à Londres, la maison commerciale (*commercial house*, Mincing-lane). Cette maison se compose de grands corridors, le long desquels sont distribués de petits appartemens composés d'une antichambre et d'un cabinet; c'est là tout le local nécessaire aux plus fortes maisons opérant sur les matières exotiques de consommation, et notamment sur les sucres et les cafés dont le marché est à *Mincing-lane*.

» Porteurs de ces *warrant*, les courtiers vont de l'un à l'autre de ces cabinets, et, après l'inspection des échantillons qui se trouvent à l'étage du bas, les transactions les plus importantes se trouvent accomplies, système d'autant plus remarquable que la marchandise a changé de main

14

sans avoir changé de place, sans frais de manutention, de pesage, et surtout de transport.

» Nous avons un mot à ajouter sur la manière dont les ventes s'accomplissent par l'intermédiaire des courtiers. La livraison de la marchandise s'opère par la remise du *warrant*, et le paiement par une traite à vue sur le banquier du négociant qui achète et à l'ordre du banquier du courtier. Le nom du courtier est placé en travers de la traite, pour indiquer qu'elle ne peut être reçue que par lui et pour son compte ; si elle venait à se perdre, cette traite ne pourrait servir à celui qui la trouverait. Le courtier remet cette traite à son banquier. Les banquiers se réunissent après l'heure de la bourse, et compensent entre eux les traites qu'ils ont ainsi reçues des courtiers les uns des autres.

» Ainsi les opérations sur les marchandises se font à Londres, au comptant, entre le haut commerce. Lorsque les ventes se font pour la consommation à des maisons établies et présentant, par le matériel même de leurs établissemens, des garanties de crédit, le prix des ventes consiste aussi dans des traites formant lettres de change et échéant à certaines époques, par exemple, celle de l'escompte de la banque. »

Si l'on a lu avec quelque attention les détails qui précèdent sur l'établissement et l'administration des docks de Londres, il nous paraît difficile qu'on ne soit pas vivement frappé des avantages qui pourraient résulter pour tout le pays d'établissemens semblables dans nos principaux ports.

Il ne s'agit pas, sans doute, d'y créer des établissemens

aussi immenses que ceux de la capitale du monde commerçant; mais, du moins, on peut de loin imiter son exemple, et développer les établissemens à mesure des besoins.

Le dock des Indes occidentales s'est fondé avec un fonds de 57,500,000 fr.; les augmentations qui y ont été faites depuis portent la valeur de cet établissement à 82,500,000 fr.

Le dock de Londres a successivement dépensé 110 millions.

Celui de Sainte-Catherine a coûté 42,000,000.

Les autres docks ou entrepôts appartenant à une compagnie ou à des particuliers, ne peuvent être évalués à moins de 150,000,000.

En sorte que les sommes appliquées dans le port de Londres, à la station d'un tiers environ des 26,000 navires qui y abordent (les deux autres tiers principalement chargés de charbons stationnent dans la rivière), et du tiers aussi des marchandises, s'élèvent à près de 400,000,000.

Le dock des Indes Occidentales, celui de Londres, et un grand nombre des établissemens particuliers, ont donné des bénéfices considérables; le dock des Indes Occidentales a augmenté ses constructions de 50,000,000, au moyen de prélèvemens sur ses bénéfices après 10 % distribués à 57,500,000. Aujourd'hui l'on évalue de 4 à 5 % le revenu de tous ces établissemens en masse; c'est surtout depuis la création du nouveau dock de Sainte-Catherine que cette diminution s'est produite dans les bénéfices des docks anglais; les sommes employées dans ces établissemens sont évidemment aujourd'hui trop considérables : elles n'auraient pas dû dépasser 250,000,000.

Les marchandises emmagasinées dans les docks se composent, pour la plus forte partie, de matières exotiques.

Or, lorsque Londres a fondé ses docks, ce port recevait environ 60,000 tonneaux de sucre; nos ports en reçoivent aujourd'hui 85,000. Des proportions du même genre subsistent pour les autres matières exotiques et pour les marchés du commerce extérieur; le commerce extérieur de la France est plus considérable aujourd'hui que celui de l'Angleterre en 1805.

Si nous demandons donc pour l'établissement des docks avec entrepôt dans nos principaux ports une somme de 50,000,000, c'est-à-dire le huitième de la masse des établissemens anglais tels qu'ils existent aujourd'hui, et le cinquième de la somme qui n'aurait pas dû y être dépassée, nous ne serons pas sans doute taxés d'exagération, puisque nos ports sont plus florissans que ceux de l'Angleterre à l'époque où elle a fondé ses docks.

Mais avant d'entrer dans le détail, très-sommaire d'ailleurs, de la division de cette somme entre ces divers ports, il importe que l'on soit bien fixé sur les résultats que l'on en peut espérer.

Considéré au point de vue de l'intérêt privé ou comme spéculation, *l'établissement de docks avec entrepôt consiste à offrir au commerce un point* CENTRAL *où il puisse avoir sous les yeux la* MASSE *d'approvisionnemens existans, où ses marchandises soient manutentionnées avec* SOIN, *emmagasinées avec* ÉCONOMIE, *et dont il ait la* REPRÉSENTATION, *pour la* VENTE, *dans les* ECHANTILLONS *délivrés par la compagnie d'entrepôt; pour la* CIRCULATION, *dans les récépissés ou* WARRANTS *de la compagnie.* Les produits de ces établissemens consistent dans les droits de manutention et d'emmagasinement. Ils peuvent faire ces manutentions avec plus d'économie et de rapidité que le commerce, car les magasins s'y trouvent sur le bord des quais; des machines peuvent y être employées, soit pour le déchargement, soit pour l'arrimage. Tandis qu'aujourd'hui, toute marchandise doit être transportée sur haquet, du port ou de l'entrepôt, chez le négociant consignataire, de là souvent chez un acheteur de seconde et quelquefois de troisième main, et plus, et enfin, chez le consommateur; au moyen de ces établissemens, au contraire, et des *warrants* et des échantillons, elle entre directement du navire dans le magasin, et va directement de l'entrepôt chez le consommateur ou chez le vendeur en détail. Ainsi sont épargnés tous les transports et toutes les manutentions intermédiaires de l'arrivée à la consommation. Nous laissons aux commerçans le soin d'apprécier cette économie.

Des documens recueillis par nous pour plusieurs années sur les docks de Londres, et notamment sur le dock des Indes Occidentales, établissent que la moyenne des droits annuels par an, pour la compagnie, par tonneau de marchandise, est de 42 fr.; et cependant le commerce de Londres y trouve une telle économie, que, bien que le privilége qu'avait obtenu cette compagnie soit expiré depuis plusieurs années; malgré la création du dock de Sainte-Catherine bien plus rapproché de la Cité que celui des Indes-Occidentales, on continue à envoyer à cet établissement la presque totalité des sucres qui arrivent à Londres, environ 120,000 tonneaux.

Les droits de stationnement des entrepôts français sont un peu plus faibles que ceux des entrepôts de Londres; la moyenne est de 12 à 25 fr. par an et par tonneau; on ne peut guère calculer que les manutentions et le stationnement moyen, qui est de quatre à cinq mois, s'élevent à plus de 40 fr. par tonneau. Les transports et manutentions pour ventes successives peuvent y ajouter, en moyenne, 25 fr., total 65 fr.

Si nous supposons que la moyenne des droits que percevraient les compagnies entrepositaires des ports de France serait de 30 fr., nous trouvons que, pour avoir un produit de 10 %, sur les sommes nécessaires à la construction de leurs docks, il faudrait y emmagasiner et manutentionner 166,666 tonneaux produisant 5,000,000 par le tarif moyen de 30 fr.

Le Havre seul aurait 100,000 tonneaux de marchandises susceptibles d'entrer avec avantage dans cette nature d'établissement (1). Quand Londres a fondé ses docks, ce port en recevait 80,000.

(1) Voici les arrivages de matières exotiques dans le port du Havre, en 1826 :

Sucre	33,282 tonneaux.	
Café	8,682	
Coton	32,991	
Tabac	4,498	
Bois de teinture	3,476	
Bois d'ébénisterie	2,139	
Bois de construction		18,036
Peaux brutes	1,931	
Riz	901	
Potasse	3,585	
Métaux		3,033
Soufre		1,343
Houille		2,544
Objets divers	11,846	
	103,334	24,956
TOTAL	128,290	

(Extrait de l'ouvrage du *Canal maritime de Paris à Rouen*, tome II, p. 164.)

Il résulte de ces premières données, sur lesquelles, possédant les documens les plus étendus sur les docks de Londres, que nous avons d'ailleurs long-temps étudiés, nous sommes prêts à donner tous les éclaircissemens que désireraient des personnes conduites par nos indications à s'occuper sérieusement de cette nature d'opérations ; il résulte, disons-nous, que les entreprises de docks, avec entrepôts administrés par des compagnies, paraissent devoir être rangés au nombre des entreprises qui présentent le plus de marge. Elles sont certainement de celles pour lesquelles il pourrait être demandé la moindre prime et pour le moins de temps à l'État.

Si l'on considère ces entreprises au point de vue d'intérêt public, on trouve qu'il en est peu dont l'utilité générale soit moins contestable, car un de leurs résultats ne serait rien moins que de *monétiser* toutes les matières du commerce extérieur de France, et de mettre ainsi annuellement en circulation des valeurs représentatives de tout ce qui successivement stationnerait dans les entrepôts, c'est-à-dire au moins 500,000,000.

Ces valeurs représentatives de 500,000,000 ne seraient pas sans doute un capital nouveau et qui viendrait augmenter les richesses du pays du montant total de leur émission. Mais elles auraient sur le capital réel, dont elles seraient la représentation, l'immense avantage de l'économie et de la facilité de leur circulation, et ce n'est certes pas trop dire que 500,000,000 de marchandises ainsi monétisées donneraient plus d'activité aux relations commerciales que 500,000,000 de marchandises se vendant selon le mode actuel.

Les bornes de cet ouvrage ne nous permettent pas d'entrer dans de plus longs détails sur cette question grave; mais notre association en fera l'un des principaux objets de ses travaux. Tous les hommes qui sollicitent l'établissement de circulations économiques pour les marchandises doivent, pour être conséquens, porter un égal intérêt à l'institution de circulations rapides et commodes pour toutes les valeurs; on ne conçoit bien la portée d'un système général de circulation que si l'on embrasse d'une égale ardeur la mobilisation de la propriété (1), la monétisation de la marchandise, et, s'il était permis de formuler en quelques mots les idées les plus étendues, il semble que les progrès accomplis par la saine économie politique consisteraient en somme, aujourd'hui, à dire au gouvernement, non plus *laissez faire*, mais *faites circuler*.

C'est, en effet, par la fondation d'établissemens de crédit que la société peut entrer surtout dans la voie de l'organisation du travail; et les entreprises que nous proposons ici seraient de beaux et solides établissemens de crédit, en ce sens que c'est par la confiance qu'ils inspireraient que le commerce leur confierait la manutention de ses marchandises, opérerait ses transactions sur les échantillons délivrés par eux, et ferait facilement circuler son capital, représenté par un simple récépissé de ces établissemens.

Nous avons dit plus haut que 50,000,000 nous semblaient

(1) M. Casimir Périer comprenait toute l'importance de la mobilisation de la propriété, et désirait cette institution nouvelle. Il avait fait rédiger un projet de loi sur cette matière, et l'avait fait distribuer aux chambres, afin de recueillir de premières observations.

nécessaires pour la fondation de docks avec entrepôt dans nos principaux ports nous pourrions nous contenter peut-être de cette indication générale. Toutefois, en raison de l'importance relative des divers ports, on pourrait supposer qu'ils se diviseraient comme il suit :

Le Havre.	15,000,000
Marseille.	12,000,000
Bordeaux.	9,500,000
Nantes.	8,500,000
Rouen.	5,000,000
	50,000,000

Peut-être, le Havre ayant des bassins éclusés, pourrait-on y traiter avec le gouvernement et avec la compagnie-pro-priétaire, en ce moment, des droits du bassin d'Ingouville, pour élever sur ses quais des magasins d'entrepôt tels que ceux que nous avons décrits, et alors la dépense à faire au Havre se trouverait beaucoup réduite et pourrait se reporter sur les autres ports. Nous proposerons plus loin une nou-velle entrée pour le port du Havre; peut-être aussi l'éta-blissement de ses docks avec entrepôt pourrait-il se com-biner avec les travaux de cette nouvelle entrée.

Quant à Rouen, la place de son dock se trouve bien naturellement indiquée dans les environs du faubourg Saint-Séver, avec un canal qui, traversant ce faubourg, déboucherait dans la Seine à l'amont et à l'aval des ponts de la ville, et qui donnerait ainsi aux mouvemens de ce port les facilités qui lui manquent aujourd'hui.

Nous ne connaissons pas assez les autres ports pour in-

diquer en quels lieux les docks pourraient être placés;
toutefois nous avons assez de données pour être certains
qu'à Bordeaux et à Nantes l'établissement des docks ne
présenterait pas de difficultés et pourrait bien se combiner
avec les habitudes du commerce.

Le port de Marseille présente en ce moment des circonstances analogues à celles qui ont déterminé à Londres la
création des docks. Le système de chargement et de déchargement des navires dans cette ville est semblable à celui du
vieux port de Londres. Il s'y opère en partie dans des magasins appartenant à des particuliers, et le long desquels les
navires peuvent accoster; les marchandises entrent donc d'un
côté du magasin, prises sur les navires; elles sortent de l'autre
côté pour être chargées sur les haquets. Ainsi les magasins
sont aussi facilement accessibles aux transports par eau
qu'aux transports par terre, et c'est là la première base d'un
bon système de manutention des marchandises.

Mais le nombre des magasins pouvant ainsi décharger
des navires n'est pas suffisant aujourd'hui pour le commerce
de Marseille; et il s'opère, au moyen de pontons, des déchargemens au milieu du port même. Or rien n'est plus
coûteux qu'un tel mode de manutention, non-seulement
parce que les marchandises mises à bord des pontons doivent
encore en être déchargées pour entrer en magasin, mais
aussi parce que ces transbordemens d'une embarcation
dans une autre sont chers, ne pouvant se faire ni commo-
dément ni rapidement, et enfin parce qu'ils offrent de
nombreuses occasions de fraude aux ouvriers manutentionnaires. Ces déchargemens des navires en rivière, et les
fraudes qu'ils occasionaient, ont été une des causes qui

faisant chercher aux négocians de Londres les moyens de s'y soustraire, les ont conduits au système de docks qui leur a été, sous tous les points de vue, si profitable. Marseille est donc certainement très-près du moment où la nécessité des docks lui sera aussi évidente qu'elle l'a été à Londres, et ce port nous paraît un de ceux où cette nature d'établissemens a le plus d'avenir.

Remarquons bien qu'en donnant aux systèmes d'entrepôt toute la largeur qu'ils ont sû y imprimer, c'est-à-dire en les considérant bien moins comme des lieux où la taxe de douane est suspendue que comme des centres commerciaux, puissans de toute la force de l'association et de la centralisation, où les manutentions sont mieux faites, et par lesquels la marchandise est réellement mobilisée, les négocians anglais, créateurs des docks, ont ainsi mis ces entreprises à l'abri des diminutions successives et de la suppression totale des droits de douane que les progrès des sociétés européennes ne peuvent manquer d'amener dans un temps qui n'est peut-être pas éloigné. Le système des *warrants*, au moyen duquel un négociant peut trouver de l'argent chez un banquier, qui lui en donne parce qu'il peut mettre la marchandise qui lui sert de garantie en portefeuille, et qu'il n'en donnerait pas s'il fallait la mettre en magasin, parce que les banquiers savent aujourd'hui, par expérience, ce qu'il leur en coûte d'avoir des magasins, le système des *warrants*, disons-nous, est le fondement de la prospérité des docks bien plus que les droits de douane; l'économie des manutentions, la bonne surveillance, sont également des motifs plus déterminans de la fondation et du succès de ces entreprises que les droits de douane; ils peuvent donc être

réduits ou supprimés aujourd'hui en Angleterre; les établissemens de *West India dock*, *London dock*, *Sainte-
Catherine dock*, non-seulement n'en souffriront pas, mais
leur prospérité s'accroîtra de tout l'accroissement de consommations que déterminerait la suppression des droits de
douane.

Le point de vue où l'expérience de l'Angleterre nous
apprend qu'il faut se placer pour juger aujourd'hui les questions d'entrepôt nous conduit à dire un mot de l'*entrepôt
de Paris*.

La principale cause de prospérité de l'entrepôt de Paris
nous paraît bien moins résider dans les consommations que
dans les capitaux de cette ville. Sans doute les raffineurs,
les filateurs, les négocians en drogueries, épiceries, tein-
tures profiteront du bénéfice de l'entrepôt, et il y a là quelques produits de stationnement. Mais l'entrepôt de Paris a
un plus large avenir, et cet avenir dépend absolument de la
manière dont on saura l'adapter à sa véritable destination.

Si l'on n'y voit qu'un *magasin de stationnement pour
des marchandises qui se dérobent momentanément aux droits
de douane*, on constituera l'entrepôt de telle sorte que ce
sera une mauvaise affaire, nous l'affirmons, et ce n'est pas
sans une étude très-approfondie de cette question.

Mais si l'on y voit le *lieu de dépôt de marchandises monétisées par les warrants*, venant se centraliser en ce lieu
pour obtenir le bénéfice d'une circulation rapide et économique comme celle du papier; si l'on comprend que ces
marchandises, gages de cette valeur nouvelle de circulation,
gages des *warrants*, doivent être dans leur lieu de dépôt, si

bien administrées, si bien surveillées, si bien manutentionnées, quand il est nécessaire, par la compagnie signa-
taire des *warrants*, comme propriétaire de l'entrepôt, que
le négociant soit enfin conduit à s'affranchir de tous les
soins minutieux de surveillance, de manutention, d'administration de ces marchandises qui aujourd'hui absorbent
une si grande partie de son temps, et que se reposant de ces
soins sur la compagnie de l'entrepôt, il puisse appliquer tout
son temps et son habileté au placement de son papier,
c'est-à-dire de ses *warrants*, alors on constituera l'entrepôt
de Paris sur les modèles que nous a donnés l'Angleterre; et
comme les entrepôts d'Angleterre, l'entrepôt de Paris pourra
devenir une belle et grande affaire.

L'entrepôt de Paris étant aujourd'hui sollicité par plusieurs compagnies qui veulent se charger de sa construction
et de son administration, nous n'avons pas à le comprendre
dans les travaux à exécuter avec subventions du gouvernement, et dans cette première publication, destinée à démontrer l'urgence et l'utilité de ces travaux et la nécessité
de ces subventions, nous ne nous étendrons pas davantage
sur cette question ; mais nous l'aborderons peut-être dans
des publications prochaines, si cette entreprise, qui pourrait être utile pour ses concessionnaires et qui est d'un si
haut intérêt pour le commerce, continue à être envisagée sous
ses faces les plus étroites, comme elle l'a malheureusement
été jusqu'ici par la plupart de ceux qui s'en sont occupés.

Nous allons maintenant rapidement esquisser les autres
travaux où nous croyons que le concours de l'industrie particulière et du gouvernement pourrait produire les résultats
les plus importans.

Distributions d'eau dans les villes.

Les distributions d'eau dans les principales villes du royaume nous paraissent au nombre des entreprises qui peuvent devenir le plus rapidement productives.

Depuis long-temps on s'occupe d'une distribution générale d'eau dans la ville de Paris, et cette entreprise est estimée de 18 à 20,000,000. Déjà la Ville a mis cette affaire en adjudication et sans succès; cela a tenu autant aux mauvaises dispositions du cahier des charges, rédigé par les bureaux de la ville, qu'à l'incertitude des produits de cette entreprise. La distribution générale des eaux de Paris est une entreprise si importante, et en même temps elle est si compliquée de mille intérêts divers qui s'y croisent et l'obscurcissent, que nous nous proposons de traiter spécialement cette question dans une de nos prochaines publications, déclarant d'ailleurs à l'avance que nous ne croyons pas l'entreprise exécutable sans subventions du gouvernement.

Quant aux distributions d'eau dans les autres villes du royaume, nous supposerons que quinze villes pourraient donner lieu à des spéculations de cette nature, dont nous fixerons la dépense moyenne à 2,000,000.

Les entreprises de distribution d'eau entreraient donc à compte ici pour 50,000,000, savoir :

Distribution d'eau dans Paris. 20,000,000

Distribution d'eau dans quinze villes, à 2,000,000. 30,000,000

50,000,000

Ameliorations dans les ports.

La plupart de nos ports ont besoin d'importantes améliorations qui peuvent devenir l'objet de spéculations plus
ou moins utiles au moyen de droits sur les navires qui entrent dans ces ports. Nous avons déjà indiqué les deux plus
importantes, celles des ports de Nantes et de Bordeaux, en
proposant des canaux maritimes, pour suppléer tout ou
partie de l'embouchure des deux fleuves qui y conduisent.

Nous avons dit aussi qu'une nouvelle entrée nous paraissait
nécessaire au port du Havre; il est, en effet, démontré que
les courans de la Manche, en rasant les côtes de la Normandie,
entraînent les galets de la craie dont sont formées toutes ces
côtes, et sont la cause des encombremens continuels de l'entrée
actuelle du port du Havre; il paraît qu'il serait possible d'ouvrir une nouvelle entrée derrière le Havre, entre cette ville
et la côte d'Ingouville; cette nouvelle entrée serait entre
l'épi de Saint-Roch et celui de Sainte-Adresse, et déboucherait sur une partie de la côte, où le mouillage est très-pro-
fond, l'ancrage très-bon, et qui est protégée par le banc de
l'Éclat. Cette entrée présenterait d'ailleurs le très-grand
avantage de permettre l'accès du port du Havre à des navires d'un plus fort tonnage que ceux qui le fréquentent
aujourd'hui; et ceci est une considération de la plus haute
importance, si l'on remarque que l'union de plus en plus
intime qui s'établirait entre le Havre et Paris, par les
moyens que nous avons indiqués plus haut, y rendrait de
plus en plus possible à ce port l'emploi des navires d'un
fort tonnage. C'est là, en effet, le résultat de l'accroissement des capitaux dans tous les ports de mer : le tonnage

des navires s'y accroît dans la même proportion; l'on sait que c'est là surtout l'avantage des navires américains et anglais; l'importance des capitaux employés par eux au commerce extérieur leur permet l'emploi de forts navires, et leur assure la prédominance maritime dont nous les voyons en possession aujourd'hui. L'intervention de Paris, dans les opérations maritimes du Havre, aura donc pour résultat certain l'augmentation du tonnage des navires dans ce port, si d'ailleurs on rend l'accès du port praticable à ces navires par les travaux que nous venons d'indiquer.

La plupart de nos ports réclament des améliorations de ce genre; des estacades, des jetées, des embarcadères, des entrées nouvelles, des écluses de chasse. Pour tous ces travaux, et pour ceux du Havre, nous porterons en masse une somme de.. . . . . 40,000,000 fr.

Il est une nature d'améliorations que réclame la navigation maritime, et à laquelle les ressources restreintes du budget des ponts-et-chaussées ne permettent de conserver que 500,000 fr. par an. C'est l'éclairage des côtes de France par le système des phares lenticulaires de Fresnel. Si nous ne faisons pas entrer cette amélioration si importante dans le compte des travaux à exécuter, c'est que nous ne voyons pas de moyens d'en faire l'objet d'une spéculation particulière. Mais on conçoit que si notre système était suivi, le budget des ponts-et-chaussées se trouverait soulagé de beaucoup de dépenses qu'il supporte aujourd'hui, et qui pourraient se reporter ainsi sur des dépenses essentielles, telles que l'entretien des routes et la construction des phares.

Ponts.

Il est une nature d'entreprise qui a reçu un grand développement depuis quelques années : ce sont les ponts, et notamment les ponts suspendus.

Aujourd'hui ce sont à peu près les seuls travaux publics où l'on voie intervenir des compagnies, parce que ce sont les seuls travaux dont puissent se charger des particuliers sans secours du gouvernement. Cependant, l'impulsion que cette nature d'entreprise avait prise s'est ralentie; le nombre des ponts qui pouvaient fournir matière à de bonnes spéculations s'épuise ; il y a lieu de ranimer l'établissement de ces voies de communications si utiles, en y portant le secours des subventions. Nous pensons que ce n'est pas trop que de calculer que, dans un espace de dix années, une très-faible subvention du gouvernement pourrait faire élever, sur le sol de France, quatre-vingts ponts que nous estimons en masse à. . . . . 50,000,000 fr.

Travaux concernant l'agriculture.

Mais ce qui doit par-dessus tout fixer l'attention publique, parce qu'elle en a été beaucoup trop détournée jusqu'ici au profit de l'industrie, c'est l'agriculture, si arriérée en France et si complétement délaissée ; car nous ne pouvons admettre comme moyen efficace des progrès de l'agriculture les académies et sociétés agricoles, dont les travaux sont peut-être utiles à quelques propriétaires exploitant eux-mêmes, et dont le nombre est si restreint, on le sait, mais restent absolument ignorés de cette masse d'hommes dont les bras ou-

15

vrent les sillons, et dont la sueur les arrose, de cette classe
si nombreuse de fermiers, bailleurs de terre à courts termes,
y vivant au jour le jour, et sans moyens intellectuels ou pé-
cuniaires d'introduire des améliorations dont ils ne sont pas
sûrs d'ailleurs de profiter.

L'agriculture ne pourra faire de grands progrès que
lorsque les propriétaires, exploiteront eux - mêmes leurs
fonds, ou bien les affermeront à longs termes, après avoir
d'ailleurs appliqué des capitaux importans à l'établissement
de bons bâtimens d'exploitation, ainsi que des instrumens
et surtout des mécaniques qui y introduisent tant de rapidité et d'économie.

La mobilisation de la propriété sera un puissant excitant
des progrès de l'agriculture, parce qu'elle doit nécessairement multiplier les baux à longs termes, et que ces baux
donnent au fermier plus d'importance et bien plus de désirs et de moyens d'améliorer la propriété qui lui est confiée.

Mais pour que les propriétaires comprennent qu'il leur
serait à la fois plus honorable et plus utile d'exploiter eux-
mêmes ces biens; pour que, par la mobilisation de la propriété,
les fermiers puissent se livrer avec sécurité à l'amélioration
d'une propriété qui leur sera confiée pour un long temps, il
faut que le gouvernement, en faisant des sacrifices pour l'agriculture, y ramène l'intérêt et l'attention du pays, et en sou-
levant ainsi les questions graves qui se rattachent à cette
branche capitale de la production et du travail, fasse successivement et peu à peu disparaître cette inégalité si in-
juste, si choquante, qui subordonne aujourd'hui si impérieusement le fermier au propriétaire, l'homme qui travaille
à celui qui recueille le produit le plus net du travail d'au-

tini. Et, nous le répétons encore, que l'on songe surtout à la mobilisation de la propriété ; car elle élèvera le fermier à la hauteur, à la dignité de gérant d'une société commanditaire ; un fermier *bailleur à longs termes* aura, vis-à-vis du propriétaire *mobile*, la place, l'importance qui lui appartiennent à juste titre.

Les sacrifices que le gouvernement doit faire pour l'agriculture nous paraissent de deux natures.

Fermes-modèles.

Au premier rang nous mettrons la création de fermes-modèles. Ces fermes peuvent être l'objet de spéculations privées, mais elles ont besoin de subventions pour que l'on puisse s'y livrer aux expériences que l'état arriéré de l'agriculture exige encore, et aussi pour l'établissement des bâtimens et machines d'exploitation. Nous croyons que le gouvernement pourrait en dix ans créer sur le sol de France quarante fermes modèles (une par deux départemens) qui expérimenteraient et introduiraient dans tout le pays les meilleures méthodes de culture et d'éducation des bestiaux, et qui contribueraient bien puissamment aux progrès de la richesse générale, en même temps qu'elles deviendraient elles-mêmes, et en peu de temps, de bonnes spéculations.

Nous évaluons chacune de ces fermes à 2,000,000 fr., ci, pour quarante fermes modèles. . . . 80,000,000 fr.
Assainissement et culture des landes de Gascogne et autres.

Les autres sacrifices que l'état pourrait faire pour l'agriculture nous paraissent du genre de ceux que M. Deschamps, inspecteur-général des ponts-et chaussées, a proposé pour les *Landes de Gascogne,* dans son ouvrage que nous avons déjà eu occasion de citer, *sur les travaux à faire pour l'assainissement et la culture des Landes.*

Nous renvoyons à cet ouvrage de M. Deschamps pour tous les détails et les preuves qu'il soumet à l'appui d'un système complet de canalisation de sept cent cinquante lieues carrées dont se composent les Landes de Gascogne, canalisation dont le moindre objet est d'assurer le transport économique de tous les produits de ce vaste territoire, quand il sera assaini et cultivé, et qui a pour but principal d'effectuer l'écoulement des eaux restant en état de stagnation sur ces vastes plaines, dont une partie ne sèche jamais entièrement.

M. Deschamps établit, par les preuves les plus concluantes, que c'est à ce défaut d'écoulement des eaux qu'il faut attribuer la stérilité des Landes de Gascogne. « Partout, dit- » il à la page 8, où la forme et le relief des terrains per- » mettent la prompte évacuation des eaux, le pays offre » des produits en bois, en céréales, et autres cultures, » aussi abondans, et d'une aussi parfaite qualité que dans » les cantons les plus favorisés par le climat et la nature du » sol. »

On ne saurait donc se refuser à reconnaître que les Landes pourraient être assainies et cultivées au moyen d'un vaste système de canalisation. M. Deschamps évalue la dépense de tous ces canaux, et celle aussi de l'assainissement et de la fixation des dunes, et de tous les semis dans les Landes à la somme de 60,000,000. Dans cette somme est compris le canal proposé par M. Deschamps, dont nous avons donné le tracé au chapitre précédent, pag. 171, et qui établirait la communication de Bordeaux à Bayonne; nous avons vu que la dépense de ce canal serait de 17,000,000 fr. environ; il resterait pour tous les travaux à exécuter dans les landes, afin d'y développer l'agriculture, 43,000,000 f.

Nous sommes convaincus que si les Landes de la Bretagne, si les champs dépouillés de la Champagne, si les terrains vagues de la Sologne, étaient étudiés par des hommes de talent, comme l'ont été les Landes de Gascogne, il en ressortirait des projets analogues à ceux qu'une étude de vingt ans a fait proposer à M. Deschamps pour ce dernier pays. Nous n'entrerons pas à ce sujet dans plus de détails; et pour les améliorations agricoles, et exécutables par compagnie, au moyen de subventions, des divers territoires dont nous venons de parler, nous porterons 70,000,000 fr.

Canal de Provence.

Dans le bassin du Rhône, l'agriculture peut obtenir aussi d'immenses améliorations par l'ouverture des canaux d'irrigation. Au nombre de ces projets, il faut mettre en première ligne le canal de Provence, qui, prenant les eaux de la Durance, à Canteperdrix, sur le territoire de Jouques, donnerait des eaux à tout le territoire d'Aix et de Marseille, et pourrait notamment donner de l'eau à cette ville et aux innombrables maisons de campagne (bastides) qui l'environnent et qui manquent d'eau.

Le canal de Provence est évalué. . .   30,000,000 fr.

Autres canaux d'irrigation.

Beaucoup de projets ont été présentés pour l'irrigation

de la Camargue et de la plaine de Crau. Nous reviendrons dans d'autres publications sur ces projets. Nous évaluons la dépense à y faire à . . . . 12,000,000 fr.

Enfin, pour tous les autres canaux d'irrigation à établir en Provence et dans le bassin du Rhône, ou même dans celui de la Gironde, nous porterons encore 25,000,000 fr.

Industrie métallurgique.

L'industrie métallurgique, enfin, réclame aussi le secours du gouvernement; et, là encore, des subventions bien appliquées pourraient avoir les résultats les plus féconds. La recherche, l'ouverture et l'exploitation de mines nouvelles présentent en effet de tels risques qu'il est bien peu d'établissemens de cette nature qui n'aient consommé la ruine des premiers propriétaires. Nous n'ignorons pas qu'une difficulté assez grave paraît s'opposer à ce que l'état subventionne certains établissemens; c'est que l'on pourrait craindre qu'au moyen de cette subvention, ces établissemens ne fissent à ceux qui ne sont pas subventionnés une concurrence très-dangereuse. A cela, nous répondrons que des entreprises de mines ou d'exploitations métallurgiques ne devraient être subventionnées qu'à condition d'être sous le régime de la société anonyme, parce que, sous ce régime, les opérations de la société sont à jour, et que si elle fait des bénéfices exagérés, la cause en est immédiatement connue, et qu'il y peut être ainsi très-facilement pourvu.

Nous porterons pour les entreprises de mines ou d'exploitations métallurgiques, qui pourraient s'établir au moyen de subventions du gouvernement. . . . . . 60,000,000 f.

Récapitulons maintenant les divers travaux que nous avons proposés, tant dans ce chapitre que dans les deux précédens.

1° GRAND RÉSEAU DE CHEMINS DE FER DE PREMIER ORDRE, 5,500 kil., à 160,000 fr. le kil. . . . . 560,000,000 f.

2° LIGNES DE NAVIGATION DE GRANDE SECTION, *canaux de petite section et chemins de fer de second ordre.*

§ Ier. BASSIN DE LA SEINE.

Perfectionnement de la Seine entre Paris et Rouen.	18,000,000 f.	
Améliorations dans la navigation entre Rouen et le Havre.	5,000,000	
Canal latéral à la Seine, de Paris à Montereau.	10,800,000	
Canal latéral à l'Yonne, de Montereau à Auxerre.	11,500,000	
Agrandissement des canaux de Briare, d'Orléans et de Loing. . . .	8,000,000	
Canal Brisson (de Paris à Angers).	40,500,000	
A reporter. . . .	93,800,000	560,000,000

Report. . . .	93,800,000	560,000,000 f.
Canal de la Seine au Rhin.	70,000,000	
Canalisation de l'Aisne.	7,700,000	
Canal de l'Oise à la Sambre et à l'Escaut. .	14,000,000	
Canalisation de la Haute-Seine.	9,000,000	
Canalisation de la Vesle.	2,500,000	
Autres lignes.	40,000,000	
		237,000,000

§ II. Bassin de la Loire.

Canal maritime de Nantes.	35,000,000 f.	
Canal de Briare à Nantes.	44,000,000	
Canal de Digoin à Roanne.	6,000,000	
Aqueducs du canal latéral à la Loire.	4,000,000	
Chemins de fer de second ordre dans la partie supérieure du bassin de la Loire.	30,000,000	
Canal latéral à l'Allier.	11,000,000	
A reporter. . .	130,000,000	797,000,000

Report. . . .	150,000,000	797,000,000 f.
Canal de Nantes à Angoulême.	50,000,000	
Autres lignes. . . .	30,000,000	
		190,000,000

§ III. Bassin de la Gironde.

Canal maritime de Bordeaux.	52,500,000
Canal latéral à la Garonne.	39,000,000
Canal d'Angoulême à Bordeaux.	15,000,000
Canal des Landes. .	17,000,000
Chemin de fer des Pyrénées.	25,000,000
Lignes secondaires. .	30,000,000

178,500,000

§ IV. Bassin du Rhône.

Canal latéral au Rhône, de Lyon à Arles. . . .	37,500,000 f.
Canal latéral à la Saône, de Gray à Châlons.	19,000,000
Améliorations dans la Saône , de Châlons à Lyon.	10,000,000

A reporter. . . .	66,500,000	1,165,500,000

Reports. . . .	66,500,000	1,165,500,000 f.
Canal de Bouc à Marseille.	13,000,000	
Jonction de la Saône à la Meuse et à la Moselle..	28,000,000	
Chemin de fer d'Alais à Beauvais.	6,000,000	
Autres lignes. . . .	30,000,000	
		143,500,000

§ V. Bassins secondaires.

Canaux latéraux et lignes secondaires.	60,000,000
3° Docks et Bassins à Marseille, Bordeaux, Nantes, le Havre et Rouen. . .	50,000,000
4° Distribution d'eau	80,000,000
5° Améliorations dans les ports. .	40,000,000
6° Ponts.	50,000,000

6° Travaux intéressant l'agriculture.

1° Fermes modèles. .	80,000,000 f.	
2° Assainissement et culture des Landes de Gascogne.	43,000,000	
A reporter . . .	123,000,000	1,589,000,000

Reports. . . 125,000,000   1,589,000,000 f.

3° Assainissement et culture des landes de Bretagne, de Champagne, de Sologne ; dessèchement de marais, etc. . 700,000,000

4° Canal de Provence. 50,000,000

5° Irrigation et plantations de la Camargue. 13,000,000

6° Canaux d'irrigation dans le midi de la France. 25,000,000

261,000,000

7° RECHERCHES, OUVERTURES ET EXPLOITATIONS DE MINES ET D'ÉTABLISSEMENS MÉTALLURGIQUES 50,000,000

1,900,000,000 f.

8° A cette somme nous avons à ajouter les 100 millions nécessaires pour terminer les canaux exécutés en vertu des lois de 1821 et de 1822, ci. 100,000,000

Total. . . . . 2,000,000,000 f.

Nous allons, dans les chapitres suivans, entrer dans la discussion des moyens pour lesquels il pourrait être pourvu à cette dépense de 2 milliards, c'est-à-dire développer le système dont nous avons présenté l'exposition sommaire dans notre chapitre IV.

CHAPITRE IX.

Des différens systèmes d'exécution des travaux publics : 1° par l'État ; 2° par compagnies livrées à leurs seules ressources ; 3° par compagnies subventionnées par l'État. — Des vices du second système. — Preuves des avantages recueillis par l'État dans les entreprises les moins favorables aux compagnies. — Calculs généraux. — Opinion de Dupont de Nemours, Huerne de Pommeuse, Dutens, Gauthey, Perronet, Vallée, Favier, Deschamps, Brisson, Dutens, Charles Dupin, sur les bénéfices recueillis par l'État dans l'ouverture des canaux.—Des avantages considérables que présenterait l'exécution des travaux publics par l'État. — Des causes qui ne permettent pas encore que ce système puisse être adopté.—Dernières observations sur les traités de 1821 et de 1822.

L'on ne peut concevoir que trois systèmes pour l'exécution des travaux publics :

1° Le gouvernement peut se charger seul de l'exécution au moyen de fonds obtenus par impôts ou par emprunt.

2° L'exécution peut être entièrement délaissée à la spéculation des compagnies ; c'est à elles de déterminer les travaux desquels elles peuvent espérer des produits suffisans pour la dépense évaluée par leurs soins, à elles de recueillir les fonds, de diriger la construction, de surveiller l'entretien, de pourvoir aux améliorations.

3° L'exécution peut être confiée à des compagnies, avec subvention et surveillance du gouvernement. Les compagnies exécutent d'après des cahiers de charges consentis par elles, et où sont arrêtés les principaux détails des ouvrages. Elles se soumettent à de certaines conditions pour l'entretien, les améliorations, les réductions de tarifs, etc.

Nous nous sommes déjà expliqués, ou du moins nous avons fait entrevoir notre opinion sur les deux premiers systèmes; ni l'un ni l'autre ne nous paraissent aujourd'hui praticables.

Si l'on veut bien se reporter aux argumens présentés, notamment dans les deux premiers chapitres, nous croyons y avoir démontré que le second système n'était vraiment pas proposable pour la presque totalité des travaux publics de France, non que nous pensions qu'il y aurait lieu de rejeter les offres d'une compagnie qui s'offrirait à exécuter, à ses risques et périls, un projet qui ne présenterait pas, d'ailleurs, un faux appât à l'intérêt du public; sans aucun doute aujourd'hui, dans les circonstances où nous nous trouvons, avec la législation qui nous régit en matière de travaux publics, on ne saurait songer à rejeter de telles offres.

Mais au si petit nombre d'offres de cette nature qui de loin en loin sont faites à l'État, il n'est que trop facile de juger que les travaux publics de France n'offrent pas un champ vaste aux spéculations isolées des particuliers, et, à cet égard, on peut dire que nulle preuve ne doit être plus puissante sur l'esprit des sectateurs de l'intérêt privé, comme

mobile de toute entreprise, en raison, disent-ils, de sa
perspicacité, de son activité, de sa persévérance. Si l'intérêt
privé reste aujourd'hui si inerte et si muet en matière de
travaux publics, c'est, pour tous ceux dont nous venons de
parler, question jugée en dernier ressort; les travaux publics ne présentent pas d'utiles spéculations à l'intérêt
privé.

Nous avons montré que les travaux publics, auxquels le
pays doit la plus forte part de ses progrès industriels, agricoles,
commerciaux; que le vaste réseau de nos routes royales;
que les canaux du Languedoc, du Centre, de Saint-Quentin; que les 536 lieues de canaux en ce moment en exécution n'auraient pas été établis, si l'on eût dû attendre
que des particuliers en fissent l'objet d'une spéculation
privée; et comme il nous paraît impossible de supposer
qu'on puisse élever l'ombre même du doute sur l'intérêt de
ces travaux, nous ne saurions croire qu'il fût moins utile
aujourd'hui de continuer dans cette voie. Loin de là, nous
croyons que, plus que jamais, il est bon de devancer le moment où des routes, des canaux ou des chemins de fer pourraient devenir l'objet d'une spéculation privée, et d'établir
ces chemins de fer, ces canaux, ces routes, non parce que
l'on s'y trouverait comme forcé par un mouvement exubérant
de transports et d'échanges, mais pour développer, pour
créer même ces transports et ces échanges; pour répartir plus
également par tout le territoire les bienfaits des communications, du commerce, de la civilisation, pour mettre en
valeur le sol tout entier avec toutes ses ressources.

Laissez faire, nous dit-on, *laissez faire! le temps, ce
grand maître*, amènera toutes ces améliorations sans se-

cousses, sans froissemens ; en voulant marcher plus vite que lui, vous risquez de consumer vos capitaux en travaux improductifs, ou du moins en travaux moins productifs que ne l'eussent été ceux de tous les particuliers, guidés par leur intérêt, des mains de qui vous les ôtez, et qui en eussent certainement tiré le meilleur parti.

Nous nous bornerons à faire remarquer que les sectateurs de l'intérêt privé ont oublié jusqu'ici un calcul statistique, qui eût pu beaucoup éclaircir la question. C'est celui des pertes de forces qui résultent de leur doctrine ; et sans vouloir faire ici le compte de tous les essais infructueux et mille fois tentés par ignorance, de tous les projets avortés, des expériences coûteuses, des études sans direction, du temps consumé par tant d'hommes à refaire ou à défaire ce que d'autres, avant eux, avaient déjà fait ou défait, sans progrès sur leurs devanciers, dont ils ignorent les travaux ; sans utilité pour le temps où ils produisent, parce que les besoins de consommation ne leur sont pas et ne leur peuvent être connus ; sans chercher, disons-nous, à évaluer tout ce que détruit de temps, de talens, de capitaux, le système de lutte et de concurrence, résultat de la doctrine de l'intérêt privé, qu'on fasse seulement le compte des travaux improductifs auxquels se livre l'intérêt privé, par la supputation du nombre des faillites et des capitaux qu'elles consument, et nous croyons que, ce compte fait, on mettra une confiance moins exclusive dans l'infaillibilité de l'intérêt privé ; l'on admettra, nous le croyons, que la société tout entière, même imparfaitement administrée, ne court pas plus de chances de se tromper dans ses spéculations, de se livrer à des travaux improductifs, que chaque particulier livré à ses seuls efforts, à ses seules ressources.

Disons-le hautement, ce système qui veut que la société marche ainsi délaissée et sans direction, vaste chaos où l'ordre naîtrait d'un désordre toujours plus grand (car le progrès des lumières permet à un nombre d'hommes toujours croissant de prendre part à la lutte, et de chercher à se faire sa place sans autre règle, sans autre guide, que sa seule inspiration); ce système, qui nous impose le HASARD pour régulateur, le TEMPS pour conseil, et qui, sous l'empire de ces deux divinités mystiques, n'a pas d'autres prescriptions que *laissez faire*, ce système n'est pas seulement faux, il est immoral.

Car il est faux, et il n'est pas moral de prétendre que les hommes soient éternellement condamnés à lutter ainsi, et que le bonheur et la fortune de quelques-uns ne doivent à jamais s'asseoir que sur le désespoir et la ruine du grand nombre.

Car il est faux et il n'est pas moral de dire que le gouvernement est une plaie (1); les hommes, la société ont besoin de gouvernement, d'autorité; il faut seulement que l'autorité, le gouvernement marchent dans l'intérêt du grand nombre, et un tel état de choses, vers lequel il est éclatant que l'humanité s'avance; un tel état de choses est supérieur sans doute à l'anarchie du *laissez faire*, à cette lutte acharnée, dévorante, que l'on a décorée du nom de concurrence.

_____

(1) Expression d'un de nos plus célèbres économistes.

Ces réflexions ne sont pas en dehors de notre sujet ; car la prétention que tout travail public ne s'exécute qu'au moment où il est sollicité par l'intérêt privé est une des conséquences et des plus désastreuses de la doctrine que nous venons de combattre.

Lorsque l'on soutient d'ailleurs qu'il vaut mieux laisser faire au temps, parce qu'il agit sans secousses, sans froissemens, on commet une erreur attestée par une expérience de chaque jour. Nous en prendrons un exemple entre mille.

Le chemin de fer de Saint-Étienne à Lyon amène directement, sur les bords du Rhône, les charbons de Rive-de-Gier ; les chariots peuvent arriver jusque sur une embarcadère, sous laquelle les bateaux naviguant sur le fleuve peuvent venir prendre leur chargement. On n'a besoin, pour l'opérer, que d'ouvrir des trappes ménagées dans le plancher de l'embarcadère, et le charbon tombe directement et à très-peu de frais du chariot dans le bateau.

Avant que le chemin de fer ne fût construit, les charbons étaient amenés et déchargés sur les bords du fleuve ; là, ils étaient transportés, à mains d'hommes, sur les bateaux du Rhône. Or cette main-d'œuvre faisait vivre plusieurs centaines de pères de famille qui n'avaient pas d'autres ressources.

Le chemin de fer les leur ôtait et menaçait ainsi de les réduire à une profonde misère. Lorsque vint la révolution de juillet, ils détruisirent l'embarcadère et obligèrent à décharger les chariots du chemin de fer sur les bords du fleuve, de manière à retrouver leur ancien travail, le chargement du charbon des bords du fleuve sur le bateau.

Ainsi le progrès accompli par le temps, dans les communications de Saint-Étienne au Rhône (et la théorie que nous combattons admettra sans doute que c'est là un progrès dû au temps, puisqu'il porte le caractère qu'elle a assigné à cette nature de progrès ; il a été sollicité par des particuliers qui l'ont réalisé à leurs périls et risques), ne s'est pas accompli sans froissemens ; il a conduit plusieurs centaines d'hommes jusqu'à l'émeute, jusqu'au mépris et à la violation du droit de propriété ; mais il leur fallait vivre : leur pain et celui de leur famille leur était enlevé, ils l'ont repris.

Ces hommes n'avaient pas droit, diront les sectateurs de l'intérêt privé ; leur intervention dans le chargement du charbon est inutile ; elle pourrait être épargnée aux consommateurs ; la main-d'œuvre sur les bords du fleuve est un *abus*.

Nous dirons, nous, c'est un MALHEUR ; et sans nous appesantir ici sur l'impuissance de toutes les doctrines économiques actuelles à proposer un remède réel, convenable à des malheurs du genre de celui-ci, nous ferons observer que *si l'on avait construit le chemin de fer de Saint-Étienne à Lyon dès que l'exploitation des mines de charbon a commencé à prendre quelqu'importance ; on n'eût pas ainsi laissé créer des industries dont* L'INTÉRÊT GÉNÉRAL PORTE A DÉSIRER LA SUPPRESSION, *sans que la constitution de la société offre* AUCUN MOYEN D'INDEMNISER *ceux qui l'exercent.* En allant plus vite que le temps, pour parler le langage habituel, on eût donc évité des froissemens qui n'ont précisément d'autre cause que le temps très-long pendant lequel se sont maintenues ces industries dont la suppression serait utile aujourd'hui, et qu'il eût été sans doute bien plus utile de ne pas laisser naître ; et si l'on est con-

duit à tirer des expressions même de l'économie politique
actuelle des conclusions si contraires à celles qu'elle a dé-
duites, c'est que rien n'est plus élastique que les expressions abstraites et mystiques; que rien n'est plus abstrait,
plus mystique que cette expression, *le temps*. Cette phrase,
le temps amènera ces ameliorations, pour n'être pas tout
au moins ridicule, ne peut signifier autre chose que *les efforts des hommes finiront par amener ces ameliorations;* or
les hommes peuvent agir de deux manières, par inspiration,
par prévoyance, ou bien par expérience. Le temps amène donc
les progrès nécessaires à l'humanité tout aussi bien quand la
société obéit aux inspirations des hommes les plus éclairés
et accepte les conseils de leur prévoyance, que lorsque,
éveillée par de longs abus, par de vives plaintes, se soumettant aux leçons de l'expérience (et l'on sait le mot de Franklin,
l'expérience tient une école où les leçons coûtent cher),
elle améliore en déplaçant et quelquefois en brisant. Lors
donc qu'il s'établit un canal pour créer des exploitations,
donner de la vie a des provinces entières, y appeler l'industrie et le commerce, on peut en faire hommage au temps,
tout aussi bien que lorsqu'un canal s'établit pour remplacer
un roulage trop coûteux et que les profits qu'il doit produire consisteront surtout dans les profits enlevés à une autre industrie. Que ceux qui, à défaut d'autre croyance et
dans l'impossibilité cependant de nier une autorité supérieure, sacrifient à l'autel du temps; que ceux-la se rassurent donc; ils peuvent reporter à leur idole tout ce qu'ils
voient autour d'eux se produire de bon. Quant a nous,
sans chercher à leur imposer des croyances qui ne sont pas
les leurs, nous serons satisfaits s'ils admettent que la société

ne se suicide pas quand elle ne se borne pas à *laisser faire.*

Au reste, l'on peut prouver par les faits que l'inspiration à laquelle on doit les principaux travaux publics en France est digne de toute la reconnaissance des hommes, et ces faits nous allons les produire pour ceux qui ne sauraient marcher sans preuves positives, et qui ne s'abandonnent au système de l'exécution des travaux publics par compagnies livrées à leurs seules ressources, que parce qu'ils y trouvent une sécurité dont ils ont besoin en matière de questions sociales; parce qu'ils pensent que, quel que soit le prix des leçons de l'expérience, il faut savoir attendre et les payer. L'expérience prouve que *les entreprises des travaux publics les moins productives pour les compagnies rapportent à la société* DES BÉNÉFICES CONSIDÉRABLES, en sorte que l'on peut affirmer que l'ouverture des voies de communications est certainement la plus belle spéculation que pût faire la société.

Posons d'abord quelques chiffres pour généraliser la question; nous produirons ensuite les faits.

Supposons l'ouverture d'un canal de 100,000 mètres de long, à travers un pays dont l'industrie serait encore peu active, l'agriculture peu développée, en sorte que le canal ne rapporterait à la compagnie qui l'aurait exécuté que 2 o/o.

Admettons que ce canal ait coûté 125,000 fr. le kilomètre, soit pour 100 kil. . . . . 12,500,000 fr.

L'intérêt à 2 °/₀ de cette somme est . . 250,000 fr.

A reporter. . . . 250,000

Report. . . .   250,000 f.

Auxquels il faut ajouter pour l'administration.   50,000

Pour l'entretien. . . .   150,000

Produit brut du canal. . . . . . .   450,000 f.

Supposons que la compagnie propriétaire de ce canal, pour accélérer le développement d'industrie et de commerce qu'elle en attend, perçoive un tarif plus faible que les tarifs ordinaires, soit un tarif de 4 centimes par tonne et par kil., auxquels il faut ajouter pour le fret 1 c. ½, soit pour toute la dépense par tonne et par kil. 5 c. ½, et pour tout le parcours, 5 fr. 50 c., sur lesquels le tarif entre pour 4 fr., et le fret pour 1 fr. 50 c.

L'on voit que, pour que le canal perçoive 450,000 fr., il faudra qu'il y passe 112,500 tonneaux.

Recherchons d'abord ce qu'il en coûterait pour transporter ces 112,500 tonneaux par terre. Le canal a 25 lieues ; on peut admettre que la route de terre qu'il remplace en a 20. Or, le roulage coûte moyennement, en France, 1 fr. 25 c. par lieue et par tonne ; soit pour 20 lieues, 25 fr., soit pour 112,500 tonneaux. . .   2,812,500 fr.

Nous avons vu que par le canal chaque tonneau coûterait de transport 5 fr. 50 c., soit pour 112,500 tonneaux.   618,750

Économie annuelle produite par le canal. . . . .   2,193,750 fr.

Maintenant cherchons à évaluer l'augmentation de valeur que le canal peut donner au territoire qu'il traverse.

On sent que cette augmentation peut être extrêmement variable; nous ferons la supposition suivante, que les faits qui suivront nous démontreront être inférieurs à la vérité.

Nous admettrons que l'augmentation de valeur puisse s'évaluer au doublement du revenu des propriétés sises sur la ligne du canal, sur une profondeur de 4,000 mètres de chaque côté.

100,000 mètres de long sur une largeur de 8,000 mètres produisent 80,000 hectares. Le revenu moyen de l'hectare en France est de 50 fr. L'augmentation annuelle de valeur produite, dans les propriétés, sera de 4,000,000 fr.

Nous admettrons encore que les produits annuels des exploitations industrielles créées par cette nouvelle voie de communication ne représentent que la moitié des produits agricoles, soit 2,000,000 fr.

Enfin l'économie annuelle produite sur l'entretien de la route de terre remplacée par le canal ne peut pas s'évaluer à moins de 100,000 fr.

Nous aurons donc pour les produits annuels d'un canal dont les tarifs ne rapportent que 2 °/₀ à ses propriétaires;

1° Economie sur le roulage de terre. .	2,193,750 fr.
2° Augmentation du revenu agricole. .	4,000,000
3° Augmentation du revenu industriel.	2,000,000
4° Economie sur l'entretien des routes.	100,000

Total. . . . . 8,293,750 fr.

Tel est donc pour la société le produit d'une entreprise qui ruine les concessionnaires; il est de 2 % pour ceux-ci, et de 66 % pour les propriétaires voisins, pour les contrées voisines et pour l'Etat.

Et si l'on recherche quelle somme peut entrer annuellement dans le trésor public, par suite de cette entreprise qu'il a autorisée et laissée aux périls et risques des entrepreneurs dont la ruine est patente, on trouve que l'État recueille annuellement près de 11 ¼ % des fonds consacrés à cette entreprise, savoir :

1° Sur l'économie produite sur le roulage, par l'extension des consommations des matières dont le prix a baissé, et par les impôts indirects qui frappent ces consommations, au moins 15 %, soit.. . . . .   529,082 fr.

2° Sur le revenu agricole, au moins 18 %.   720,000

3° Sur le revenu industriel, au moins 15 %.   500,000

4° Économie sur l'entretien des routes   100,000

Total. . . . . .   1,449,062 fr.

Et la compagnie perçoit net 250,000 !

Voici maintenant les faits qui se sont produits par l'ouverture de plusieurs des canaux.

« Le canal du Languedoc, dit Dupont de Nemours, voiture un commerce de 50,000,000 fr. par année; il en est résulté par année 5,000,000 de bénéfice pour les marchands; les propriétaires de terres qui, sans lui, n'auraient

pas de débouchés, ou n'en auraient qu'un mauvais, reçoivent par le service du canal une augmentation de
20,000,000 fr. de revenu, toute dépense de culture payée.
L'État a touché de ces 20,000,000 de revenus, par les
tailles et vingtièmes ou impôts équivalens, au moins
5,000,000 fr. tous les ans, et 500,000,000 f. en un siècle.

« On voit par cet exposé, dit M. Huerne de Pommeuse(1),
que le canal du Languedoc donne en six années au commerce une économie égale au prix de ses constructions ;
qu'il a donné à l'état, dans le même espace de temps, un
bénéfice égal sur les impôts, en ayant donné aux produits
agricoles et autres un accroissement annuel d'environ les
deux tiers de son prix originaire, et comme le canal du
Languedoc est un des canaux les plus coûteux de France,
la comparaison est encore bien plus sensible pour les autres, entre ce qu'ils ont coûté et les bénéfices proportion-
nels qu'ils ont procurés au commerce, aux exploitations
agricoles et métallurgiques, et, par conséquent, à l'État. Il
faut encore ajouter pour celui-ci la considération importante de l'économie sur l'entretien des grandes routes que
tant de transports eussent ruinées. »

Nous ferons remarquer aussi que Dupont de Nemours et
M. Huerne de Pommeuse supposent que l'État a prélevé sur
l'augmentation de valeur des propriétés, produite par le
canal du Languedoc, une part bien plus forte que celle que
nous avons évaluée ci-dessus, puisqu'ils la portent à 25 p.
100), et que nous ne l'avons calculée qu'à 15 et 18 p. 100.

(1) *Des Canaux navigables*, tome II, page 309).

Quant à l'économie produite sur le roulage, ils l'évaluent à 5 millions pour 242,000 mètres, longueur du canal du Languedoc; nous, nous l'avons calculée à 2,193,750 fr. pour 100,000 mètres.

Voici, au reste, sur quels élémens ils appuient leurs calculs :

Le prix du tarif pour le parcours entier du canal est de. . . . . 19 f. 28 c.

Le fret. 9 64

TOTAL. . . . . 28 f. 92 c.

Le prix du roulage est de. . . . . 100 f.

Économie sur le roulage, par tonneau. 78 f. 8 c.

Ce qui fait, pour 75,000 tonneaux qui passent sur le canal, 5,126,000 fr.

Toutefois nous ferons remarquer que M. Dutens (1) évalue l'économie produite sur le roulage à une somme moins forte.

M. Dutens ne fixe le prix du roulage, pour la distance que parcourt le canal, qu'à 65 fr. 50 c., au lieu de 100 fr. portés par M. Huerne de Pommeuse; l'économie n'est plus alors que de 34 fr. 22 c., que M. Dutens applique à 92,000 tonneaux, et non pas à 75,000 comme ci-dessus, ce qui porte l'économie produite sur le roulage de terre par le canal du Languedoc à. . . . . 5,148,240 fr.

Nous croyons que M. Dutens porte trop bas le prix du roulage par terre. D'un autre côté, le tarif du canal du

---

(1) *Histoire de la Navigation intérieure*, tome 1er, page 177.

Languedoc est le double de celui que nous avons supposé dans le calcul présenté ci-dessus, et le fret y est cher aussi à cause des transbordemens nécessités par l'insuffisance de profondeur d'un des étangs prolongeant le canal du Languedoc.

« On sait assez, dit Gauthey (1), que les transports par terre sont beaucoup plus dispendieux que ceux qui se font par eau ; et les frais qu'ils occasionent étant toujours prélevés sur le prix de la vente, ils enchérissent les denrées, et par une suite nécessaire en diminuent la consommation. Les transports par eau sont, par cette raison, presque toujours préférables, et l'on ne saurait douter qu'il ne fût de la plus grande importance pour l'intérêt d'un État de former autant qu'on le pourrait ces sortes de communications, et de se servir de celles que donne la nature, en les perfectionnant, lorsque cela est possible. Les avantages n'en sont pas même bornés à ceux du commerce seul ; l'agriculture y gagne considérablement ; la population en est augmentée, et les arts ainsi que les sciences s'en ressentent. »

» Il n'est pas douteux que les transports qui se font par terre n'occupent une quantité de chevaux et de bêtes de trait qui seraient rendus à l'agriculture, si l'on faisait les transports par les rivières et les canaux, et cet objet est bien plus important qu'on ne pense. »

» M. Perronet observe, dans son mémoire sur le canal de Bourgogne, que celui de Briare produit une épargne réelle

(1) *Mémoires sur les Canaux de navigation*, page 5, tome III des *OEuvres de Gauthey*.

de 550 hommes et de 3,000 chevaux qui seraient conti-
nuellement occupés au transport des marchandises que l'on
y embarque. Il observe encore qu'il faudrait 3,000 arpens
de terre pour nourrir ce nombre de chevaux, et que cette
quantité de terrain semée en blé, légumes et fourrages pour
la nourriture du bétail nécessaire à leur culture, suffirait
pour nourrir 24,000 hommes. »

» En suivant la même proportion pour le canal du Languedoc et ceux qui sont projetés en Bourgogne et en Pi-
cardie, on doit compter que ces canaux produiraient sur
les terres labourables une épargne suffisante pour nourrir
plus de 70,000 hommes, et rendrait plus de 10,000 chevaux à l'agriculture et à la guerre.

Nous trouvons le renseignement suivant dans un écrit
d'un autre ingénieur (1).

« Le revenu net du canal du Centre est d'environ
400,000 fr. ; il a coûté en argent d'aujourd'hui à peu près
16,000,000 fr. Une compagnie qui l'aurait exécuté ne tire-
rait donc pas 3 p. 100 du capital qu'elle y aurait placé.

» D'après les recherches d'un ingénieur en chef, aussi
judicieux qu'il est zélé pour tout ce qui est utile (M. Favier), ce même canal, en 1824, avait augmenté la valeur
annuelle des productions agricoles et industrielles de la
France de 5,680,000 fr. au moins. Or, sur ce revenu,
l'état prenait en patentes, en impôts foncier et mobilier, et
en droits indirects autres que ceux des canaux et rivières,

(1) M. Vallée, ingénieur en chef du canal du Centre ; *De l'alié-
nation des Canaux*, page 109.

une somme extrêmement considérable. De plus, la circulation sur le canal du Centre augmente les recettes de la
Saône, de la Loire, des canaux de Briare et de Loing, de
la Seine, etc.; enfin, depuis 1822, il a continué d'augmenter la valeur territoriale et industrielle du pays, en
sorte que la France tire environ 12 à 15 p. 100 d'un capital qui, employé à un grand ouvrage, ne donnerait pas 3
p. 100 à une compagnie. »

Nous avons désiré connaître comment se composaient les
5,680,000 fr. auxquels M. Favier évalue l'augmentation
annuelle produite par le canal du Centre. M. Favier, avec
la complaisance qui accompagne toujours le zèle véritable
pour le bien public, a recherché les pièces qui établissaient
cette évaluation, et dans un rapport en date du 21 août
1822, il en a retrouvé les principales divisions. Nous donnons ici, avec son autorisation, l'extrait suivant de ce rapport :

« Il y a plusieurs avantages produits par l'ouverture
d'un canal :

1º L'économie sur le transport ;

2º L'augmentation de valeur des productions spontanées,
agricoles et industrielles.

» Des recherches faites avec soin pour déterminer le revenu annuel de ces divers avantages, relativement au canal du Centre et aux localités qu'il traverse, ont fourni les
résultats suivans :

Économie sur le transport.	5,000,000 fr.
Augmentation de valeur des bois. .	470,000
Exploitation des mines de houille.. .	650,000
Idem. des carrières de plâtre. .	105,000
Idem. de pierre.	55,000

» Les présens résultats sont tirés de documens certains, et, loin d'être exagérés, ils sont plutôt au-dessous qu'au-dessus de la réalité.

» On pourrait ajouter à cette somme l'économie qui aurait lieu sur la dépense de l'entretien des routes ; mais, attendu qu'il n'y a pas de route à l'état de parfait entretien, il est impossible de déterminer avec quelqu'exactitude cette économie ; cependant on peut assurer qu'elle s'élèverait à plus de 100,000 fr.

» On n'a pas encore réuni tous les renseignemens nécessaires pour évaluer l'augmentation des productions agricoles et industrielles ; mais il est évident qu'elle a eu lieu, car elle est une conséquence nécessaire de celles qu'on vient d'indiquer, et certes, il n'y a pas d'exagération à les porter au tiers du montant de ces dernières, » 1,420,000

Total des produits annuels. . . . 5,680,000

» On n'ajoute pas ici le produit des

A reporter. . . . 5,680,000 f.

Report. . . .   5,680,000

droits de navigation, parce qu'il est impli-
citement compris dans l'économie sur le
transport ; on fera observer seulement que
ce produit, dont l'année commune est de
400,000 fr. environ, n'est pas même le
1/14me, de celui qui a été créé par la confection du canal du Centre.

» La navigation a été ouverte le 28 février 1794 ; à cette époque le montant de
la dépense pour la confection du canal s'é-
levait à . . . . 11,420,000 fr.

Dont l'intérêt à 5 p. 100
est de   571,000

» Depuis cette époque,
le montant de toutes les
dépenses d'entretien s'est
élevé, année moyenne, à   168,000

Total de la dépense
annuelle. . . . .   739,000 fr.   739,000 fr.

» Par conséquent, l'utilité absolue du
canal du Centre peut être représentée par
un revenu annuel de . . . . 4,941,000 fr.

» Si l'on divise cette somme par la longueur du canal,
on aura une quantité qui servira à comparer l'utilité de
cette communication à d'autres.

» Ainsi l'utilité relative du canal du Centre est égale à

$$\frac{4,941,000 \text{ fr.}}{113 \text{ kil.}} = 42,965 \text{ fr. par chaque kil. (1).}$$

» Les résultats ci-dessus prouvent combien on se trompe en jugeant de l'utilité d'un canal par le produit des droits de navigation. Ils servent aussi à faire voir dans quelles proportions l'État et les diverses espèces d'industrie devraient contribuer à la dépense d'un canal. »

» Lorsqu'en 1825, dit M. Deschamps dans l'ouvrage que nous avons déjà plusieurs fois cité (2), nous fîmes ouvrir le canal d'expérience des landes, quoique le nombre des ouvriers employés fût très-peu considérable, la recette de l'impôt sur les boissons, dans la seule commune de Beliet, s'éleva, pour les quatre mois que durèrent les travaux, à une somme égale à ce qu'ils produisaient auparavant, c'est-à-dire que cette contribution se fût accrue de deux fois la quotité annuelle, si on eût continué à employer le même nombre d'ouvriers.

» Ce premier essai ayant aussi réveillé l'attention de quelques spéculateurs, ceux-ci déterminèrent des propriétaires à leur vendre une certaine étendue de landes vaines et vagues. Il ne s'agissait encore que d'expériences et d'opérations préliminaires à la rédaction du projet qui n'était ni arrêté ni dressé. Cependant il ne s'est pas moins vendu

(1) Le prix de construction du kilomètre du canal du Centre est de 100,000 francs.

(2) *Des Travaux à faire pour l'assainissement et la culture des Landes de Gascogne.*

pour 522,885 fr. de ces terres vagues et vaines, pourquoi le trésor a reçu, en droits d'enregistrement, la somme de 19,555 fr. 45 cent. qui, ajoutée à la somme de 1,500 fr. produite par l'accroissement de l'impôt sur la vente des boissons dans la seule petite commune de Beliet, présente un total de 21,055 fr. 45 c. au profit de l'État, c'est-à-dire environ les deux tiers de la dépense faite en travaux d'essai.

» Voilà des faits dont on peut vérifier l'exactitude sur les registres des directions des domaines et des contributions indirectes de la Gironde, et qui parlent plus haut que tous les raisonnemens sur les effets de l'ouverture des communications en général, et plus particulièrement dans les pays où tout est à créer, comme dans les landes de Gascogne.

» Il ne sera peut-être pas inutile de prévenir une objection sur ce que nous avons dit de l'accroissement de certaines taxes indirectes, telles que celles sur les boissons, le tabac, etc., que produirait la présence d'un grand nombre d'ouvriers appelés par les travaux dans ces déserts; c'est que ces ouvriers, étant des régnicoles, feraient la même consommation ailleurs; mais il n'en est pas ainsi. D'abord, c'est que ceux qui manquent de travail, comme on le voit trop souvent, ne peuvent beaucoup consommer, surtout avec le bas prix de la journée en France; ensuite c'est que, par une circonstance particulière aux Landes, où la population manque, la plus grande partie des mouvemens de terre, des défrichemens et autres ouvrages analogues, ne s'exécutent presque exclusivement, dans cette contrée, que par des hommes descendus des montagnes de la Navarre espagnole et de l'Aragon; ces étrangers laisseraient donc dans le pays, outre les travaux qu'ils auraient exécutés, une partie de leur salaire, qu'on ne peut apprécier à moins de 12 centimes par jour pour chaque ouvrier, au profit du fisc. »

M. Charles Dupin cherchant à évaluer (1) l'augmentation de valeur que produirait un canal du Havre à Strasbourg, ayant 860 kil. de long, et coûtant 210 millions (il y comprenait le canal maritime du Havre à Paris), établit le calcul suivant :

Le revenu moyen de l'arpent dans les départemens traversés par cette ligne est de 51 fr. 2 c., ce qui porte la valeur moyenne de l'hectare à 1550 fr.; mais comme le canal traverse les vallées et s'approche des villes, on peut calculer que, sur la ligne qu'il parcourt, et sur une lieue de chaque côté, le terrain vaut 5060 fr. l'hectare. Or, une zône de 860 kil. sur 8 kil. a 688,000 hectares de superficie qui, à 5,060 fr., valent 2,105,280,000 fr. Si l'on suppose que le canal augmenterait la valeur de ces propriétés *seulement d'un dixième*, soit 210,528,000 fr., on voit, qu'en une année, il aurait payé le prix de sa construction.

Enfin, MM. Brisson et Dutens, dans leurs deux beaux ouvrages si souvent cités par nous, insistent à plusieurs reprises sur les avantages considérables que l'État peut retirer de l'établissement des travaux publics, et M. Brisson (pag. 129 de son ouvrage), reconnaissant « que la presque to- » talité des travaux publics ne pourrait d'ici à long-temps » s'exécuter dans la seule vue des bénéfices qu'une associa- » tion de concessionnaires aurait lieu d'en attendre, » dé-

(1) *Des forces productives et commerciales de la France*, tom. II, pag. 328.

17

d'une e qu'il est indispensable que l'État prenne part dans
» la dépense, en considérant comme un dédommagement
» convenable de ses avances ; d'abord, l'accroissement de
» la richesse publique dont le fisc retire sa part, et en se-
» conde ligne, la diminution de frais d'entretien des voies
» actuelles de communication ».

Les faits que nous venons de produire composent évidemment les données essentielles, et qu'on devra prendre le
plus en considération lorsque l'on voudra définitivement
résoudre la question si controversée de l'exécution des travaux publics par l'État ou par les compagnies.

Nous n'entreprendrons pas ici d'approfondir ce vaste
sujet de méditations ; tout se tient dans l'édifice social, et,
à une époque où les intérêts industriels dominent la politique entière, on ne peut aborder le moindre sujet d'économie politique sans toucher à l'organisation sociale elle-
même. Cependant les leçons du passé, et plus encore les
nécessités du présent, laissent peu d'incertitude sur la solution de ce problème pour l'époque de transition où nous
vivons. Elle doit porter l'empreinte des idées qui dominent
et des idées naissantes qui doivent les remplacer un jour ;
elle doit être un compromis entre le passé et l'avenir. Tel
est le système que nous proposons ; mais, avant de le présenter, nous éprouvons encore le besoin de revenir un moment sur nos pas.

L'économie politique, née il n'y a pas un demi-siècle,
avec la prétention de s'élever au rang des sciences positives,
et d'établir sur des bases invariables les principes de la
science sociale, a pris le caractère du temps où elle appa-

laissait, caractère eminemment critique et desorganisateur.
Frappée des vices de l'organisation industrielle, où s'étaient
introduits les principes d'autorité d'une religion qui, toute
en dehors de ce monde, ne pouvait que comprimer l'industrie le jour où elle y portait la main, l'économie politique réclama la liberté absolue, et formula son éloignement
pour toute espèce de direction dans ces paroles qui sont
comme le résumé de toute sa doctrine : *Laissez faire,
laissez passer,* formule qui ne sert qu'à constater l'absence
de tout principe organisateur.

C'est ainsi qu'en matière de travaux publics, elle a nié
l'utilité de l'intervention de l'État, et a réclamé l'installa-
tion du système des compagnies exécutantes et propriétaires.

Alors, a-t-elle dit, plus de ces entreprises gigantesques
dictées par l'orgueil d'un souverain et qui ruinent l'État ;
plus de ces sommes enfouies dans des travaux intermi-
nables. Le capitaliste, juge sévère de l'utilité des entreprises, refusera d'engager ses fonds dans l'exécution de ces
projets hasardeux, dont l'insuccès occasione des destruc-
tions de richesses acquises au prix de tant de sueurs et de
privations.

Ces idées, que nous sommes loin de condamner entièrement, ont gagné en crédit pendant le cours de la restau-
ration. Elles font partie du catéchisme libéral, et l'on court
risque de passer pour arriéré en combattant ce qu'elles ont
d'absolu. Cependant les théories économiques actuelles ne
sont pas, sans doute, plus qu'aucune théorie, inaccessibles
à l'examen, et l'on peut remarquer qu'elles n'ont été si facilement adoptées qu'à titre d'auxiliaires des idées politiques qui

ont triomphé en 1830, et qui marchent aujourd'hui vers une transformation évidente.

Quant à nous, nous ne pouvons nous empêcher de faire remarquer que les désastres récens de l'industrie témoignent de l'insuffisance de l'intérêt privé pour apprécier l'utilité des entreprises qu'il forme ; que le système des économistes laisse sans moyens d'exécution les travaux d'où peuvent être obtenus des bénéfices considérables, mais qui ne sont pas de nature à être perçus par les compagnies exécutantes, tels que la plus-value des propriétés traversées par un canal, tandis que ce système encourage d'autres entreprises dans lesquelles les bénéfices se composeront en totalité ou en partie des pertes éprouvées par une entreprise rivale, et résulteront, en un mot, non pas d'une création, mais d'un déplacement de richesse (1).

(1) Supposons, par exemple, qu'une compagnie exécute un chemin de fer de Paris à Rouen, pour la somme de 20,000,000, et que les frais d'entretien et d'administration payés, il en résulte un bénéfice de 7 °/₀ ou 1,400,000 fr.

Un léger perfectionnement, une découverte nouvelle font voir qu'on pourrait construire un nouveau chemin de fer qui, coûtant 25,000,000, rapporterait 2,000,000 ou 8 °/₀ au lieu de 7 °/₀ de produit net. Dans le système des économistes, une seconde compagnie se formera pour exécuter cette nouvelle entreprise. Dans la lutte qui s'engagera avec la compagnie ancienne, celle-ci succombera à la longue, puisqu'elle ne peut transporter à un prix aussi bas que la nouvelle compagnie ; alors cette compagnie fera de bonnes affaires, mais quel sera le résultat définitif de ce double travail pour l'ensemble de la société ?

25,000,000 de plus, engagés dans cette entreprise, auront augmenté le revenu général de la société de la différence entre

Il y a progrès, dit-on, mais à quel prix ? Et, comme nous le disions plus haut, ne serait-il pas préférable de *prévoir le mal,* quand d'ailleurs on a toutes les données pour justifier cette prévoyance et réaliser le bien, que *d'attendre le mal* pour y porter remède.

En général le système des économistes, excellent quand l'intérêt privé des compagnies est d'accord avec l'intérêt général, est désastreux en cas contraire : or, de ces deux hypothèses opposées, il est difficile de dire à *priori* quelle est l'exception, quelle est la règle. Sans doute le commerce étant libre d'accepter ou de refuser les avantages qu'on lui offre avec les charges qu'on lui impose, les compagnies sont forcées de connaître, d'étudier ses besoins et d'y satisfaire ; mais qui peut assurer que le tarif qu'elles fixent, dans le but de retirer le plus grand profit possible, soit précisément celui qui convient au développement le plus rapide de l'industrie ? Le fermage résulte aussi d'un débat contradictoire entre le propriétaire et le fermier. Qui peut prétendre pourtant qu'il est la condition la plus favorable des progrès de l'industrie agricole ?

Le gouvernement, au contraire, représentant des intérêts de tous, arrive dans la discussion des travaux à exécuter et du tarif à établir, libre des exigences de l'intérêt

2,000,000 et 1,400,000 fr., ou de 600,000 fr. ; c'est seulement 2,4 %, résultat désastreux à une époque où les capitaux auraient pu féconder une entreprise qui eût rapporté trois ou quatre fois autant. En calculant l'intérêt à 5 %, 600,000 fr. de revenu représentent un capital de 12,000,000 ; le nouveau capital engagé étant de 25,000,000, la perte qui résulte du système des économistes sera de 13,000,000.

privé. A raison même des avantages qu'il recueille de l'ouverture des grandes voies de communication, il peut en
permettre la circulation gratuite, ou du moins n'y préle-
ver que les sommes nécessaires à leur entretien ; or, si l'on
veut bien réfléchir qu'alors les marchandises pourraient circuler par eau, moyennant une dépense qui pourrait ne pas
excéder f. 0,03 par tonne ou par kilomètre ; qu'ainsi, de
Paris à Marseille, c'est-à-dire pour une distance de deux
cents lieues, le transport par eau pourrait ne pas coûter
plus de 25 fr., et par chemin de fer, plus de 75 fr., il est
impossible de se refuser à l'évidente supériorité que présenterait un système où des vues étendues d'intérêt général
se substitueraient aux spéculations égoïstes et aux combinaisons mesquines dont les compagnies financières renou-
vellent si souvent le pénible spectacle.

Ici, une idée unique et féconde préside à la fixation
des travaux à exécuter ou à perfectionner. Toutes leurs
parties se correspondent et se prêtent un secours mu-
tuel. On peut déterminer d'avance le moment précis ou
le réseau complet sera ouvert à la circulation. Dans
le système des compagnies, au contraire, comment fixer
l'époque où les travaux qu'exige l'intérêt public deviendront l'objet d'une spéculation profitable. Dans la première
hypothèse, le gouvernement, véritable père de famille,
étendant ses vues au-delà de plusieurs générations, fait entrer l'avenir dans les combinaisons du présent ; dans la seconde, les compagnies, avides de profits immédiats, dévo-
rent le présent, sans s'inquiéter de l'héritage qu'elles lè-
guent à l'avenir.

Avant d'aller plus loin, nous ferons remarquer qu'on ne

dont pas voir dans ce qui précède la critique générale et ab
solue du système des compagnies; nous ne nions pas l'activité qu'elles déploient dans l'exécution, l'économie qu'elles
y apportent, la sollicitude dont elles font preuve dans l'entretien; après la période brillante de l'empire, où des vues
étroites et puériles d'orgueil national ont présidé à l'exécution de quelques grands travaux, elles ont ramené les
esprits à des vues d'utilité matérielle et pratique; nous ne
nions pas que dans beaucoup de circonstances elles n'aient
exécuté des travaux commandés par l'intérêt général avec
art et économie.

Mais faut-il, pour cela, leur confier exclusivement tout
l'avenir de l'industrie nationale? Parce qu'elles auront ouvert quelques lieues de chemins de fer, parce que, dans
l'intérêt de quelque localité, elles auront jeté un pont hardi
d'un bord à l'autre d'un fleuve difficile, qui songera à
confier à leur patriotisme l'entretien des troupes, la réparation des places fortes et l'administration des forêts de l'état?

Si nous ne condamnons donc pas d'une manière absolue
le système des compagnies; si, reconnaissant la nature des
avantages qu'elles peuvent présenter, nous ne prétendons
nullement qu'elles soient exclues des travaux publics dont
elles demanderont la concession, recosnnaissons donc aussi
qu'il y aurait justice, et, disons-le, bon sens à ne pas faire
une critique si extrême de tout système contraire à celui
des compagnies, ainsi que cela s'est pratiqué jusqu'ici, et
avec un malheureux succès, car il ne se fait plus rien aujourd'hui; et qui ferait? *Le gouvernement* n'ose pas, *et les
compagnies* ne peuvent pas.

Telle est aujourd'hui la situation des choses; elle est

grave ; mais après tout ce que nous venons de dire sur les causes qui l'ont produite, il est clair que nous ne pensons pas que cette situation soit de celles dont on doive accuser l'inertie ou l'incapacité de quelques-uns : il y a là quelque chose de si profond et de si général que l'on ne saurait élever un doute sur ce qu'à eu d'utile et de nécessaire un tel état de choses.

Mais maintenant qu'on en a recueilli tous les avantages possibles, et que les dommages qui en résultent deviennent prédominans, un autre système est évidemment nécessaire, il faut le trouver.

Or, il est évident pour nous que l'opinion publique n'est pas encore assez profondément pénétrée de tous les élémens de prospérité que renferme un grand développement de travaux publics, pour que la situation où l'ont conduite les doctrines actuelles sur l'intérêt privé lui apparaisse aussi fâcheuse qu'elle l'est en réalité, et qu'elle le devient de plus en plus. On ne peut donc pas espérer que cet esprit d'hostilité contre le système d'exécution des travaux publics par le gouvernement, que ces habitudes de méfiance, d'opposition, que ces craintes si vives de fortifier l'autorité en lui confiant une plus large direction d'hommes et de choses, une plus forte manutention de fonds, que ces préventions si enracinées, en un mot, contre l'intervention de l'État comme directeur et constructeur de travaux que nous voyons surgir de toutes parts, disparaissent en un jour, et laissent le champ libre à un vaste développement de travaux auxquels présiderait une seule pensée, une action vigoureuse et centrale, et qui, conçues dans le seul intérêt général, produiraient des résultats dont il ne nous est pas possible, en vérité, de fixer la limite, tant nous verrions d'avantages dans ce système.

Si malgré les avantages incalculables qu'assurerait l'exécution des travaux publics par l'État, on est averti par mille preuves que ce système ne peut certainement pas être installé en ce moment, c'est donc une difficulté qu'il faut accepter, non pas pour la supporter aveuglément, mais pour en scruter profondément les causes et chercher les moyens qui, immédiatement et successivement applicables, puissent enfin la faire disparaître.

Or, si quelque chose a droit de surprendre, n'est-ce pas avant tout ce fait que nous avons signalé plus haut, savoir : la possibilité de la ruine d'une compagnie qui a exécuté un canal en présence de l'augmentation considérable de valeur produite, dans toutes les propriétés environnantes, par ses travaux et sa conception. Ce fait ne produit-il pas une preuve sans réplique de l'état arriéré des idées d'association parmi nous ?

Montrer que les idées d'association sont très-peu avancées encore, ce n'est pas autre chose que découvrir sous une autre face le fait dont nous parlions plus haut, la méfiance contre le gouvernement.

Pour que le système d'exécution des travaux publics par le gouvernement puisse être compris et désiré, il faut donc, avant tout, développer les idées d'association.

Car ce ne peut être que par un large et profond développement des idées d'association que l'on peut espérer de populariser, de vulgariser les avantages des voies de communication qui en sont à la fois l'instrument et la preuve.

En ce moment, nous ne saurions concevoir de système

plus propre à la fois à développer les idées d'association, et à établir entre le gouvernement et le public des liens de plus en plus étroits, qu'un système qui livrerait un vaste ensemble de travaux publics à l'exécution de compagnies subventionnées par l'État, et qui mettrait en saillie les avantages que peuvent présenter encore les compagnies, en même temps qu'il en diminuerait de beaucoup les inconvéniens par une intervention éclairée et paternelle de l'État.

C'est un système de transition, nous le reconnaissons, et nous répétons encore ici que nous ne comprenons de système complet que celui qui, avec l'acclamation de la société, mettra tous les travaux publics aux mains de l'État ; mais ce moment n'est pas encore venu ; une transition est donc nécessaire. C'est pourquoi nous proposons le système transitoire, dont nous avons déjà sommairement exposé les bases principales (chap. IV), et dont nous allons présenter le développement dans le chapitre qui suit.

Nous ajouterons seulement ici un mot sur le système d'exécution de travaux publics, sous l'empire duquel s'exécutent les canaux importans et nombreux dont l'établissement a été autorisé par les lois de 1821 et de 1822.

Il y a dans ce système concours du gouvernement et des particuliers ; mais il est bien clair que ce n'est pas autre chose, en définitive, qu'un mode d'emprunt plus compliqué que ne l'eût été un emprunt pur et simple, qui eût donné à l'État des prêteurs anonymes, sans droit au partage dans les bénéfices des canaux, tandis que ce droit existe par le mode d'emprunt adopté en 1821 et 1822.

Ainsi que nous l'avons dit, pages 57 à 59, le droit au

partage dans les bénéfices a , sans aucun doute, déterminé les prêts qui ont été alors faits au gouvernement et en a adouci les conditions ; mais il faut bien reconnaître que c'est une combinaison fâcheuse, en ce sens qu'elle met en saillie tous les inconvéniens des compagnies, sans laisser de place à presqu'aucun des avantages qu'elles présentent ; jamais l'esprit tracassier et mesquin des intérêts privés n'a plus été mis en action que par ces traités, où l'État empruntait à des compagnies qui, étrangères à l'exécution, n'en connaissant nullement les difficultés inévitables, complétement incompétentes par la manière dont elles étaient composées pour juger les moyens employés pour vaincre ces difficultés, n'ont laissé aucun des actes de l'administration sans oppositions. Il en est résulté que tous les vices des relations administratives avec les particuliers ont été mis également en saillie, l'administration donnant à ses actes, même utiles, un caractère d'arbitraire, provoqué par les tracasseries dont elle était obsédée ; la désunion en est venue à ce point que les compagnies n'ont pu obtenir que par les plus pénibles efforts quelques déterminations dictées par leur intérêt et l'intérêt général , et elles n'en ont gardé aucune reconnaissance, en raison même des difficultés qu'elles y avaient éprouvées. En un mot, ces traités ont créé entre l'administration et les particuliers des collisions on ne peut plus fâcheuses, et dont nous avons signalé les effets plus haut, page 61 et suivantes.

Quand au mode d'emprunt, considéré seulement du point de vue financier, sans examiner si, à l'époque où elle fut conçue, cette combinaison ne dut pas obtenir la préférence, malgré son peu de simplicité, il est hors de doute qu'aujourd'hui elle ne pourrait être reproduite et que si l'État voulait exécuter lui-même quelques travaux, ce ne devrait être que par un emprunt dans les formes ordinaires. Ce que nous avons dit plus haut sur l'avantage principal que présenterait l'exécution des travaux publics par l'État, savoir, la réduction au taux le plus bas possible des tarifs, ne peut laisser de doute sur la préférence qui devrait être donnée à un emprunt pur et simple, qui ne lie pas spécialement l'É-tat pour l'entreprise à exécuter, et lui permet d'y introduire les dispositions les plus favorables, sans qu'il ait à redouter l'*intervention de tiers*.

CHAPITRE X.

Développement de notre système financier pour l'exécution de grands travaux publics. — Application au canal latéral au Rhône. — Des capitaux et du nombre d'hommes qui peuvent être employés annuellement à des travaux publics. — De la quotité des primes nécessaires annuellement. — Influence de notre système sur le prix de la main-d'œuvre. — Des valeurs nouvelles de circulation qui résulteraient de l'établissement de grands travaux publics avec primes du Gouvernement. — Conclusion.

Pour bien faire saisir dans ses détails le système que nous proposons et faciliter la discussion à laquelle nous voulons le soumettre, nous en ferons l'application à l'un des canaux dont nous avons parlé au VIIe chapitre; au canal latéral au Rhône, mis par nous au nombre de ceux dont la prompte exécution doit être le plus vivement désirée.

Nous avons dit que, d'après la belle étude qui a été faite de ce canal, la dépense en est évaluée à 37,500,000 fr., et que les recherches faites sur les produits permettent de les évaluer immédiatement à 7 pour cent. Nous avons remarqué toutefois que, dans les premiers temps, les produits pourraient bien ne pas s'élever à ce taux.

La compagnie, après avoir pris connaissance des plans dressés pour le canal, s'engagerait à l'exécuter, conformément aux clauses d'un cahier des charges plus détaillé que ceux qui sont dressés pour les concessions où il n'est point demandé de subventions au gouvernement ; les ouvrages d'art y seraient décrits, quant à leurs principales dimensions, etc.

La compagnie s'engagerait à exécuter, pour la somme de 40,000,000 fr., par exemple ; portant ainsi une somme à valoir de 2,500,000 fr., au-delà de 5 millions déjà portés par l'auteur du projet. Elle s'engagerait aussi à exécuter en un nombre d'années déterminé ; par exemple, huit années.

Il faut entendre ceci par ces deux conditions : la compagnie émettrait son fonds social de 40 millions en actions, payables en huit années, pendant lesquelles le gouvernement s'engagerait à lui remettre une prime de 5 pour cent, à mesure de versemens et proportionnellement à la quotité des fonds versés. Si les constructions n'étaient pas exécutées pour 40 millions, et, en huit ans, le gouvernement cesserait de payer des primes, et la compagnie devrait, à ses périls et risques, achever la construction.

Si, au contraire, la somme employée aux constructions n'atteignait pas 40 millions, on diminuerait le dernier versement à opérer par les actionnaires, ou bien on leur rendrait, les constructions achevées, le solde de caisse, et l'État n'aurait de primes à continuer que sur la portion de fonds qui aurait été réellement employée. Ceci va devenir encore plus clair en prenant des chiffres.

Supposons que la compagnie ait arrêté que les versemens

des actions devraient être faits dans les proportions suivantes :

1re année.	1,000,000.
2e —	2,500,000.
3e —	4,000,000.
4e —	6,000,000.
5e —	6,000,000.
6e —	7,000,000.
7e —	7,000,000.
8e —	6,500,000.
	40,000,000.

Supposons qu'à la fin de la 7e année l'on s'aperçoive que
les devis ne seront pas atteints, et que la dépense totale
pourra n'être que de 38,000,000 ; on ne demandera que
4,500,000 f. aux actionnaires, c'est-à-dire que si les actions
sont de 1,000 fr., par exemple, ce qui fait 40,000 actions
émises, les versemens précédens ayant absorbé 837,50
par action, ainsi qu'on peut le calculer, au lieu de demander 162,50 à chaque action, la dernière année pour
compléter les 1,000 fr., on ne demandera que 112,50.
L'action ne reviendra alors qu'à 950 fr. ; 40,000 actions
de 950 fr. font 38 millions. C'est sur cette somme de 38
millions que porteront toutes les stipulations ultérieures du
gouvernement et de la compagnie.

La compagnie devra être sous le régime de la société anonyme, et de plus, ses actions devront avoir droit de cote
à la Bourse ; avec ces deux conditions, tout son régime intérieur est soumis à une publicité, qui, d'après les règles
imposées aux sociétés anonymes, offre à l'État toute garantie.

Le gouvernement aura pris l'engagement de payer pendant la construction une prime de 5 pour cent aux fonds employés à la construction; mais, ainsi que nous l'avons dit au chapitre IV, le paiement de cette prime ne se fera pas en capital, mais en rente 5 o/°. Nous supposerons, comme nous l'avons fait pour l'exposition sommaire de notre système, que, la première année, la rente sera au cours de 70, et qu'elle suivra des cours ascendans qui, au bout de la huitième année, la mettront à 75 fr.

Voici donc quelle marche suivront les subventions du gouvernement, pendant le temps de la construction.

ANNÉES.	SOMMES employées par la compagnie.	INTÉRÊT garanti par l'état.	CAPITAL nominal de l'intérêt garanti par l'état.	TAUX de la rente 3°/°.	MONTANT de la rente à délivrer chaque année à la compagnie
1	1,000,000	5 %	50,000	70	2,143
2	2,500,000	Id.	175,000	70.50	7,447
3	4,000,000	Id.	375,000	71	15,845
4	6,000,000	Id.	675,000	71.50	28,321
5	6,000,000	Id.	975,000	72	40,625
6	7,000,000	Id.	1,325,000	73	54,725
7	7,000,000	Id.	1,675,000	74	67,905
8	4,500,000	Id.	1,900,000	75	76,000
	38.000,000		7,150,000		293,011

Nous devons faire observer que nous n'avons porté huit ans pour l'exécution du canal qu'afin de ne pas élever de discussion secondaire sur les détails d'exécution; mais nous sommes persuadés que cinq à six ans suffiraient pour l'exécution.

Maintenant nous supposerons que l'État sera convenu avec la compagnie qu'il lui parferait 5 °/₀ de produit pendant huit années après la construction, la compagnie ayant pris l'engagement, d'une autre part, de ne pas excéder 100,000 fr. pour frais d'administration, et s'étant abonnée à 450,000 pour frais d'entretien, sauf les cas de force majeure. Nous supposerons encore que les produits de la compagnie suivent une progression telle, qu'au bout de la sixième année les produits atteignent 5 %, d'où il suit que l'État n'aurait à payer de primes que pendant 6 années, et non pendant huit. Nous supposerons encore que les bénéfices de la compagnie aient suivi la progression suivante, d'où nous déduirons la progression de la prime que l'État devra lui servir, remarquant d'ailleurs que le taux auquel nous fixons les produits du canal, et la progression sur laquelle nous établissons nos calculs, sont très au-dessous de ce que nous croirions devoir se réaliser dans cette entreprise, si elle s'exécutait.

ANNÉES.	QUANTUM °/₀ du produit du canal.	QUANTUM °/₀ de la subvention de l'état.	CAPITAL nominal de cette subvention.	TAXE de la rente.	MONTANT de la rente à délivrer par l'état.
9	3 °/₀	2	760,000	76	30,000
10	3 ¾	1 ¾	665,000	77	24,610
11	3 ½	1 ½	570,000	78	21,923
12	4	1	380,000	79	21,130
13	4 ¼	¾	285,000	80	9,137
14	4 ¾	¼	95,000	81	3,518
			2,755,000		103,918

18

Si nous ajoutons les primes payées pendant la construction, soit en capital. . . . 7,150,000 fr.

Et en rentes. . . . . 295,011 fr.

Aux primes payées après
la construction, soit en capital. 2,755,000

Et en rentes. 103,918

Nous trouvons un total en

capital de. . . . . 9,905,000 fr.

Et en rentes 3 % de. . . 396,929 fr.

Ainsi l'Etat, en chargeant en quatorze années son
grand-livre d'une rente de 396,000 fr., aurait déterminé
l'établissement d'une des entreprises les plus utiles au pays.

Et si l'on veut bien appliquer au canal du Rhône, les
calculs que nous avons établis dans le chapitre précédent,
sur la part que perçoit l'Etat dans les accroissemens de richesses qui résultent de l'ouverture d'une ligne navigable,
on verra que, tandis que pour le canal du Rhône il aurait
chargé son grand-livre d'une rente de 400,000 fr. environ,
ses revenus annuels se seraient certainement accrus dès l'ouverture du canal de plus de 5 à 600,000 fr.

Nous rappelons d'ailleurs que nous avons supposé les
produits du canal très-inférieurs à ce qu'ils seraient, sans
aucun doute, et que la charge à supporter par l'Etat ne
serait probablement pas de plus de la somme nécessaire
pour couvrir les intérêts.

En même temps, nous supposons, ainsi que nous l'avons
dit au chapitre IV, pour la généralité des entreprises, que

l'Etat conserverait sur celle-ci première hypothèque pour la somme de 9,905,000 fr., capital nominal des primes livrées par lui. Voici ce que nous entendons par là.

Supposons que dans un espace de vingt ans, les produits nets du canal latéral au Rhône atteignent 8 %, la vingt-unième année, 8 ½, la vingt-deuxième, 9 %. Nous admettons que la convention suivante aurait été faite avec la compagnie, savoir : que lorsque les bénéfices dépasseraient 8 %, la moitié du surplus appartiendrait à l'Etat; en conséquence, la vingt et unième année, l'Etat aurait à recevoir de la compagnie du canal latéral au Rhône ¼ % ; la vingt-deuxième année, ½ %, etc. Nous supposons que l'Etat aurait la faculté, ou bien d'encaisser purement et simplement ce bénéfice, en laissant subsister les tarifs tels qu'ils auraient été stipulés par la concession, ou bien, après l'avoir encaissé, d'obliger la compagnie à réduire son tarif dans la proportion de sa part, dans lequel cas il reculerait évidemment le moment où il pourrait recevoir un nouvel à-compte. Peut-être devait-il être stipulé que l'Etat ne pourrait obliger à des réductions de tarifs par suite des bénéfices qui lui seraient acquis, que lorsque, pendant trois années, cet accroissement de bénéfices se serait maintenu au-dessus de 8 % (1).

____

(1) Beaucoup de questions de détail pourraient être élevées sur l'usage que le gouvernement ferait de la part qu'il retirerait des entreprises de travaux publics. Cette part devrait-elle se borner au remboursement du capital nominal des avances faites par lui, ou bien devrait-elle durer tout le temps de la concession, être perpétuelle si la concession était perpétuelle ? Cette part de bénéfices devrait-elle déterminer l'Etat à imposer des réductions de tarifs,

Tel est le mécanisme du système que nous proposons pour l'exécution d'un vaste ensemble de travaux publics sur le sol de France, de celui, par exemple, que nous avons esquissé dans les chapitres VI, VII et VIII.

Ce système est-il applicable sur d'aussi larges proportions que celles que nous lui avons assignées, et dans un temps aussi court? N'introduirait-il pas de perturbations dans la fortune publique par la trop grande rapidité des changemens qu'il introduirait? Ne porterait-il pas trop exclusivement sur les travaux publics la masse de capitaux et d'intelligences dont peut disposer le pays? C'est ce que nous devons maintenant examiner.

Dans le tableau qui termine le chapitre IV, et qui présente le résumé du système que nous proposons, on trouve que nous avons admis que 2,000,000,000 fr. pourraient être dépensés en dix années en travaux publics, et nous avons indiqué les proportions qui pourraient être établies dans la dépense de chaque année.

et alors il réduirait de beaucoup les recettes que ces entreprises pourraient lui procurer, ou bien devrait-il toutes les recueillir et en former, par exemple, un fonds spécial sur lequel il constituerait des primes de subventions pour d'autres entreprises? Toutes ces questions sont graves, bien que secondaires; nous ne négligerons pas ultérieurement de présenter la solution dont chacune d'elles nous paraît susceptible, d'autant plus que nous voyons dans notre système, en en méditant bien les détails, la possibilité de détruire le système aujourd'hui suivi de l'adjudication avec concurrence, et d'assurer ainsi à la société les garanties qu'elle a cru trouver dans celui de l'adjudication, garanties qui, en réalité, par les vices profonds de ce système, lui échappent en tout ce qu'elles ont d'essentiel.

Nous admettons qu'un million employé en travaux publics peut occuper, soit sur les chantiers même de l'entreprise, soit dans les ateliers d'où elle tire ses fers, machines, bois de construction, pierre, etc., mille hommes pendant trois cents jours, ce qui met le prix de la main-d'œuvre à 3 fr. 33 cent.

Ce n'est pas là sans doute le prix moyen de la main-d'œuvre en France aujourd'hui, et même il est bien certain qu'un grand développement de travaux publics ne le ferait pas monter à ce taux ; mais nous le portons à ce prix pour faire la part des honoraires de la direction des travaux, et des bénéfices des entrepreneurs.

D'après cela, reprenant les deux premières colonnes du tableau rappelé ci-dessus, nous pouvons dresser le tableau suivant.

ANNÉES.	SOMMES à employer par année.	NOMBRE d'hommes employés.	PROPORTION des hommes employés aux travaux publics, avec ceux enlevés au travail pour l'armée sur le pied actuel (400,000 hommes).	PROPORTION avec la population totale du royaume, portée à 33,000,000 d'âmes
1	30,000,000	30,000	0,075	0,0009
2	50,000,000	50,000	0,125	0,0015
3	90,000,000	90,000	0,225	0,0027
4	140,000,000	140,000	0,35	0,0042
5	200,000,000	200,000	0,50	0,0060
6	270,000,000	270,000	0,675	0,0082
7	350,000,000	350,000	0,875	0,0106
8	350,000,000	350,000	0,875	0,0106
9	270,000,000	270,000	0,675	0,0082
10	250,000,000	250,000	0,625	0,0076

Il résulte de ce tableau, 1º que dans les années où le plus grand développement de travaux aurait lieu, le nombre des hommes occupés à ces travaux serait à celui des soldats dans la proportion des sept huitièmes environ, et avec celui de la population dans la proportion d'un centième;

2º Que la plus forte somme que nous supposons pouvoir être appliquée dans une année aux travaux publics ne surpasse que d'un septième le budget de la guerre, et nous ne faisons pas cette remarque pour en conclure que les hommes et les sommes nécessaires à un aussi grand développement de travaux publics pourraient se trouver, pour ainsi dire, par un simple revirement au budget, c'est-à-dire en licenciant l'armée, d'une part, ce qui donnerait quatre cent mille bras vigoureux aux travaux, et en portant, de l'autre, le budget de la guerre au budget des travaux publics. Ce jour viendra, nous n'en doutons pas, mais il faut l'attendre. Nous voulons seulement faire remarquer quelle énorme distance sépare les travaux pacifiques des travaux de la guerre. Avec 550,000,000 fr. on occuperait trois cent cinquante mille hommes à des travaux publics rapportant à l'État de 55 à 40,000,000 fr. par an, (voir le précédent chapitre); ces trois cent cinquante mille hommes s'y instruiraient, y seraient bien payés, y trouveraient, en un mot, le développement de leur intelligence, et l'accroissement de leur bien-être. Avec les 500,000,000 fr. du budget de la guerre, on enlève au travail quatre cent mille hommes; l'instruction qu'ils reçoivent sous le drapeau est entièrement perdue pour eux du jour où ils le quittent, et ils sont mal payés et mal nourris.

Au reste, si nous ne supposons pas que l'armée puisse de quelque temps être complétement licenciée, et le budget de la guerre supprimé, nous admettons certainement que le moment est très proche où le désarmement de l'Europe pourra s'effectuer; or, cela signifie, sans nul doute, la diminution de l'armée à moitié au moins.

Ainsi le désarmement si vivement souhaité aujourd'hui par toute la nation, et surtout par la partie de la nation qui paie les impôts, ce désarmement aurait pour résultat de jeter immédiatement dans l'industrie deux cent mille hommes.

Et alors, la question à se faire est celle-ci : peut-il résulter plus de perturbations dans la fortune publique d'un grand développement de travaux publics, qui, au bout de cinq ans, arrriverait à appeler sur les chantiers deux cent mille hommes, que d'une circonstance politique qui laisserait inopinément deux cent mille hommes sans travail et sans pain ?

Nous croyons que le retour au travail de deux cent mille hommes est un fait d'une haute utilité, bien que, par la constitution actuelle de la société, qui ne prévoit et ne règle rien sur l'emploi des bras et des capitaux, il soit hors de doute qu'un tel fait ne pourrait pas se produire sans perturbation; mais si, malgré cet inconvénient inévitable, le désarmement forme aujourd'hui l'expression la plus nette de la politique et des vœux du pays, combien cette grande mesure ne serait-elle pas plus désirée encore si ces hommes dont l'inactivité pourrait être redoutée trouvaient successivement un emploi aussi utile de leur force ou de leur intelligence que celui que leur offriraient de grands travaux publics.

Il nous semble que nous pouvons déjà conclure que l'emploi annuel de deux cent mille hommes, en travaux publics, est possible en France, soit comme capitaux, soit comme bras. Nous venons de démontrer le second point; quant au premier, c'est-à-dire quant à la possibilité d'employer annuellement 200,000,000 fr. en travaux publics, remarquons que la France supporte aujourd'hui une charge de 150,000,000 environ pour l'emploi improductif des deux cent mille hommes que le désarmement ferait licencier; que ces 150,000,000 coûtent 25 % au moins de frais de perception par l'impôt; que si la France désire si ardemment le désarmement, c'est, sans aucun doute, parce qu'elle sent le besoin de donner un autre emploi à ses capitaux; que nous avons démontré que ses capitaux ne pouvaient trouver un placement plus productif que celui des travaux publics; que 200,000,000 fr. appelés dans les travaux publics, par emprunt dont les frais ne montent pas à 5 %, ne coûteraient que 23,500,000 par an de plus que 150,000,000 appliqués à l'armée par voie d'impôt coûtant 25 %, et qu'il y aurait pour couvrir cette différence, toute celle d'un travail éminemment productif à celle du travail le plus patemment improductif, les 200,000,000 appliqués à des canaux, chemins de fer, etc., augmentant annuellement la richesse de l'État de 100 à 150,000,000, et les revenus du Trésor de 20 à 25,000,000, et les 150,000,000 employés en solde de troupes ou en constructions de forteresses constituant une perte nette de 150,000,000.

Cela posé, les proportions d'emploi d'hommes et de fonds que nous avons posées pour les sixième, septième, huitième, neuvième et dixième années, c'est-à-dire 270, 350, 350, 270 et 250,000,000, et pour chaque année autant de mille hommes que de millions, sont-elles dans une juste mesure avec la richesse et la force d'une population qui aurait pu, sans pour ainsi dire toucher à la population qui travaille aujourd'hui, sans lui demander aucun nouveau sacrifice d'argent, réaliser le changement que nous venons d'indiquer, c'est-à-dire appeler des drapeaux aux travaux publics deux cent mille hommes, et du budget de la guerre aux actions des compagnies 150,000,000.

Nous ne saurions imaginer que cette proportion ne pût pas être dépassée au bout de cinq ans, car cela voudrait dire qu'aujourd'hui, par exemple, la France n'aurait pas de 70 à 150,000,000 fr., et de soixante-dix à cent cinquante mille hommes à employer annuellement en travaux publics, lors même que le système actuel d'une armée sur le pied de guerre pour assurer la paix devrait durer encore long-temps. Telle n'est pas notre pensée; et nous croyons, au contraire, que si ce système devait en effet se prolonger, la nation n'aurait pas d'autre moyen d'en supporter la charge accablante aujourd'hui pour elle, que de s'imposer les légers sacrifices indiqués plus haut, afin de compenser, par l'emploi bien entendu de tout ce dont elle pourrait encore disposer d'hommes et de capitaux, l'emploi si malheureux d'un si grand nombre d'hommes et d'une si forte masse de capitaux imposé par le système militaire.

Au reste, nous reconnaissons que la démonstration mathématique du problème que nous cherchons à résoudre n'est peut-être pas possible; prouver, par des argumens sans réplique, que la France pourrait employer 350,000,000 fr. et trois cent cinquante mille hommes par an à des travaux publics est au moins fort difficile; mais nous ne croyons pas que des questions de cette nature puissent aujourd'hui se résoudre autrement que par analogie et induction, et tout ce que l'analogie et l'induction peuvent fournir de démonstrations nous semble se rencontrer ici.

Remarquons enfin que si l'on supposait à compter de la cinquième année des proportions un peu moins fortes que celles que nous avons proposées, le résultat général du calcul en serait très-peu augmenté, et que la charge définitive qui en résulterait pour l'Etat serait à peu près la même, charge toute fictive d'ailleurs, puisque nous avons démontré que, par l'exécution de ces grands travaux publics, le trésor verrait plus accroître ses recettes que le Grand-Livre son débet.

Nous venons de justifier la répartition que nous avons proposée dans les deux milliards à appliquer aux travaux publics pendant dix ans. Nous venons ainsi de développer la seconde colonne du tableau qui présente le résumé de notre système, page 74. Nous avons à nous occuper maintenant de la troisième.

Les calculs en sont établis sur la supposition que l'État, pendant cinq ans, paierait aux diverses entreprises un intérêt de 5 p. %, puis de 4 ½ p. ° pendant deux ans, 4 p. % pendant trois ans, 3 p. % pendant deux ans, 2 p. % pendant trois ans, 1 p. % pendant trois ans, ce qui fait un total de dix-huit ans, pendant lesquels devraient être payées des primes décroissantes.

L'on concevra sans doute que ce calcul n'a rien en soi de rigoureux, et qu'il faut l'expliquer ainsi : la masse des travaux dont nous avons présenté l'énonciation dans les chapitres VI, VII et VIII, aurait besoin, en moyenne, d'un secours total de 647,000,000 de subventions, représentées par une rente de 25,000,000 fr. environ , 3 p. %. Nous admettons qu'une partie de ces travaux pourrait être exécutée au bout de cinq années, et produire un revenu tel que, sur la masse totale des travaux, le gouvernement n'aurait plus à payer 5 p. %, mais seulement 4 ¹⁄₂ p. %; cela signifie, ainsi que nous l'avons dit page 72, que la partie des travaux exécutés rapporterait 2 p. %, 2 ¹⁄₂, 3 p. %, etc.; et que l'État leur paierait 3 ¹⁄₂, 2 ¹⁄₄, 2 p. %, etc., tandis qu'il paierait encore 5 p. % aux travaux non terminés ou entrant en exécution. Quant à l'hypothèse qu'il en résulterait une moyenne de 4 ¹⁄₂ p. %, elle est évidemment défavorable, mais nous avons voulu toujours calculer ainsi.

Il en est de même de toutes les autres supputations que nous avons faites en ce sens; elles se fondent sur des hypothèses générales, d'où nous avons toujours déduit les moyennes les plus défavorables à nos calculs.

Nous croyons que l'on admettra facilement que s'il était exécuté sur le sol de France un ensemble de travaux publics se liant entre eux, se fortifiant, se fécondant les uns par les autres, tels que ceux que nous avons indiqués, la masse des produits de tous ces travaux serait bien plus considérable que celle que nous avons admise, ce qui veut dire, en d'autres termes, que le gouvernement aurait des primes bien moins fortes à payer.

Ce que nous avons dit sur les produits des canaux anglais, lorsque le système en a été complet, vient ici à l'appui de notre assertion. C'est généralement (page 45) au bout de plusieurs années que le dividende a seulement couvert le capital, et s'est élevé successivement jusqu'à 50 et même 60 p. º/₀ du capital ; c'est que c'est surtout par leur ensemble, par l'appui qu'elles se prêtent mutuellement, que des lignes de communication peuvent produire tout leur effet utile, et que leur influence créatrice et féconde s'exerce dans toute son étendue.

En deux mots, notre calcul revient à ceci : c'est que la masse des travaux publics de France a besoin d'un secours de 32 p. % environ, pour rapporter 5 p. %, après son établissement, à ses actionnaires ; ou bien que sans secours du gouvernement, elle ne pourrait rapporter que 3 p. % environ. Nous croyons cette hypothèse inférieure à la vérité, car la moyenne du produit des canaux anglais est plus que triple ; maisdans ce genre de calculs il faut toujours se tenir ainsi au-dessous des faits les mieux établis.

La quatrième colonne du tableau de la pag. 74, n'a pas besoin de développemens, non plus que la sixième.

Quant à la cinquième, celle du *taux de la rente* 3 % , elle est établie dans la supposition que la première année, la rente française 3 % serait à 70, et la dix-huitième annee, à 85, c'est-à-dire à un taux un peu inférieur à ce qu'est aujourd'hui celui de la rente 3% anglaise. Nous n'avons fait une telle hypothèse qu'afin de ne pas être taxés d'exagération sur aucun point ; mais nous avouons que ce n'est pas là l'expression de notre opinion toute entière ; car nous ne saurions nous refuser à croire que si le gouvernement de France imprimait un vaste développement à ses travaux publics, et assurait ainsi la paix de l'Europe, la hausse de nos fonds publics ne fût beaucoup plus rapide que nous ne l'avons indiqué, et que le *pair* ne fût atteint au bout de dix-huit ans. Le montant de la rente à délivrer par l'État se trouverait ainsi sensiblement diminué.

On demandera peut-être pourquoi nous proposons que l'État remette aux compagnies le coupon des rentes représentant le capital de la prime qu'il a à leur payer, au lieu de le leur remettre en argent qu'il se serait procuré par une émission de rentes.

Par exemple, nous avons dit : la première année, il sera dépensé 30,000,000 fr. auxquels l'État garantira 5 %, soit 1,500,000 fr., qui, au cours de 70 pour le 3 %, représentent 64,285 fr. de rentes 3%.

Si les 30,000,000 f. sont dépensés par dix compagnies, chacune à raison de 3,000,000 fr., dans notre système, le gouvernement remettra à chacune 6,428,50 fr. de rentes. Les compagnies les vendront, ou les garderont, suivant qu'il leur conviendra. Dans l'autre système, l'État vendrait 64,285 fr. de rentes, et remettrait 150,000 fr. à chaque compagnie.

Dans les deux systèmes, l'État ne serait chargé que de 64,285 fr. de rente; il n'a donc pas intérêt à adopter l'un plutôt que l'autre.

Mais, sans aucun doute, s'il entrait dans la voie où nous l'engageons d'entrer, les compagnies concessionnaires mettraient confiance en lui, et par conséquent compteraient sur la hausse des rentes. Elles pourraient donc trouver un bénéfice dans cette hausse, si elles gardaient leurs rentes plus ou moins long-temps. Et il nous paraît qu'il vaut mieux laisser réaliser ce bénéfice par des compagnies qui se livrent à l'exécution des travaux les plus utiles à l'État, que par des prêteurs anonymes, spéculateurs de fonds publics, exerçant une industrie prédominante aujourd'hui sans doute, mais dont la prédominance ne nous paraît nullement démontrer la supériorité sur toutes les autres industries, et sur celles notamment dont les travaux publics sont le résultat.

On élève contre un grand développement de travaux publics une objection à laquelle on attache beaucoup d'importance ; c'est l'accroissement qui peut en résulter dans la main-d'œuvre ; nous ne nions pas que tel doive être, en effet, le résultat de notre système ; mais en faut-il conclure qu'il serait impolitique d'imprimer une vigoureuse impulsion à nos travaux publics ?

Remarquons d'abord que ce n'est pas l'industrie qui doit redouter cet accroissement de main-d'œuvre ; les prix de main-d'œuvre, dans les villes, sont supérieurs à ceux qui sont donnés sur les chantiers de travaux publics; on n'a donc pas à craindre que les prix des produits industriels soient augmentés par l'appel d'un grand nombre d'hommes sur ces chantiers.

Mais on peut le craindre pour l'agriculture ; à cet égard, nous ferons remarquer d'abord que cette crainte n'aurait quelque chose de fondé que pendant quelques années , car les travaux que nous proposons ayant pour but de favoriser surtout la circulation des produits de peu de valeur, et par conséquent des produits agricoles, l'économie qu'ils produiraient compenserait et au-delà l'accroissement de prix résultant de celui de la main-d'œuvre.

En second lieu nous dirons : si l'appel de deux cent mille hommes, par exemple, sur les chantiers des travaux publics, peut faire hausser la main-d'œuvre, dans les travaux agricoles, le licenciement de deux cent mille soldats, résultant du désarmement si vivement desiré, aura pour résultat de la faire baisser d'une égale proportion.

Que doit-on redouter davantage en ce moment, de la hausse ou de la baisse de la main-d'œuvre?

Si la hausse dans la main-d'œuvre se produisait, par exemple, à la suite d'un fléau, qui, portant ses ravages dans la classe ouvrière, diminuerait sensiblement le nombre des travailleurs, ce qui conduirait nécessairement ceux qui n'auraient pas été atteints à élever leurs demandes, nul doute qu'un tel fait n'entraînât une perturbation grave ; et sans recourir au reste à de telles catastrophes, c'est évidemment ce qui se produit par l'appel sous les drapeaux d'un grand nombre de travailleurs, ou d'hommes pouvant travailler ; cet appel fait hausser la main-d'œuvre. Or, une telle hausse produite par un système radicalement improductif ne peut pas elle-même être utile, ni productive ; elle altère les sources du travail et son développement. C'est évidemment un malheur public.

Mais si la hausse se produit par suite de l'appel de beaucoup d'hommes à des travaux productifs, il est difficile de croire qu'il en puisse résulter quelque perturbation. Si les agriculteurs sont obligés de payer un peu plus cher leurs moissonneurs et leurs batteurs de grains, il est bien clair aussi qu'ils peuvent vendre un peu plus cher leurs blés et tous leurs autres produits; car si les chantiers qui viennent s'établir dans leur voisinage leur enlèvent quelques hommes, ou les obligent à leur donner une journée plus forte, ils leur amènent aussi un nombre inaccoutumé de consommateurs; il y a pour eux plus que compensation.

N'est-ce pas un fait constant que dans toutes les époques où le travail a eu quelque prospérité, la main-d'œuvre a haussé, sans que, ni les fermiers, ni les propriétaires, ni les consommateurs des villes aient eu à s'en plaindre. Par ce développement de travaux, les bénéfices de tous s'accroissaient ; l'ouvrier en profitait aussi bien que le maître, et ces époques ne sont pas de celles où l'émeute a levé la tête.

On n'en saurait dire autant des époques où la main d'œuvre a baissé, et nous ne concevons pas aujourd'hui de fait d'une importance plus radicale qu'un fait qui peut produire une baisse dans la main-d'œuvre ; nous savons bien qu'on pourra nous objecter que cette manière de voir conduirait à redouter le désarmement, puisque nous avons dit que le désarmement devait faire baisser la main-d'œuvre ; nous ne déclinons aucunement cette conséquence, très-logique en effet, de notre opinion ; seulement, cela nous conduit à dire que si l'on a bien lu tout ce qui précède, on a pu voir que nous ne concevons pas que le gouvernement puisse se borner à désarmer ; ce n'est là qu'une mesure préparatoire ; *la conscription industrielle*, si nous pouvons employer cette expression, doit immédiatement appeler aux travaux publics, les hommes affranchis du service militaire ou du moins un nombre d'hommes qui devienne successivement égal à celui des hommes licenciés ; autrement le désarmement n'est qu'un fait négatif, et n'a pas d'autre valeur.

Une hausse dans la main-d'œuvre de l'agriculture ne nous paraît donc pas à craindre, si elle doit résulter d'un grand développement de travaux publics. D'ailleurs il faut bien réduire ce fait à sa juste proportion. Or, si une grande impulsion donnée à nos travaux publics est un fait qui doit entraîner ou suivre immédiatement le désarmement, il est clair qu'il n'y aura pas hausse dans la main-d'œuvre, puisque, pendant plusieurs années, l'on occupera un nombre de travailleurs tout au plus égal à celui des soldats à licencier.

Nous ajouterons que l'on admet que, sur une population prise en masse, le nombre des hommes en état de travailler est 0,20 de la population totale; que, d'après les données statistiques les plus généralement admises pour la France, sur cette quantité, il y a ⅔ pour les travailleurs agricoles, ⅓ pour les travailleurs industriels, soit 4,500,000 travailleurs agricoles en France. Or nous avons supposé que le maximum des hommes à appeler sur les chantiers de travaux publics était de 350 mille hommes, qui forment les 0,077 du nombre total des travailleurs agricoles. La main-d'œuvre s'augmenterait donc de moins de moitié de cette proportion, soit 0,03, puisque nous supposons que sur les 350 mille hommes, 200 mille seraient fournis par le désarmement. L'on voit qu'un tel résultat n'a rien de bien redoutable; et encore est-il exagéré. Car nous n'avons compté ni les ouvriers venant de l'étranger, ainsi que cela a toujours lieu toutes les fois qu'il s'établit de grands chantiers de travaux publics; nous n'avons pas compté non plus, dans les travailleurs agricoles, les femmes, et l'on sait cependant qu'elles prennent une part fort active aux travaux des champs. Nous croyons donc que, même en ne supposant pas le désarmement, l'accroissement dans les mains-d'œuvre de l'agriculture, par suite d'un développement de travaux publics, aussi grand que nous l'avons indiqué, ne serait pas de plus de 5 à 6 o/°, et dans le cas du désarmement, de 2 à 3 %.

Pense-t-on que les bénéfices des agriculteurs n'augmente-raient pas dans un proportion infiniment plus forte par les travaux que nous proposons ?

Maintenant nous avons à signaler, dans le système que nous proposons, un résultat qui nous paraît de la plus haute importance.

Nous avons dit que, pour offrir à l'Etat toutes les garan-ties nécessaires, les compagnies subventionnées pour tra-vaux publics devaient se former en sociétés anonymes, émettant leurs actions au porteur.

Il existe déjà pour quelques travaux publics de pareilles sociétés ; qu'on examine les fluctuations continuelles aux-quelles sont soumises les actions de ces entreprises, qui n'offrent à leurs actionnaires et au public d'autre garantie que l'entreprise elle-même ; que l'on prenne, par exemple, les actions des chemins de fer de Saint-Etienne à Lyon, et d'Andresieux à Roanne ; tantôt on annonce que les perce-mens souterrains sont d'une difficulté et d'un prix inattendu, baisse dans les actions ; une expérience de machines loco-motives est racontée au public sous un jour avantageux et sans détails, hausse dans les actions ; il n'est pas de perfec-tionnement, pas de difficultés, pas de données statistiques répandues par la presse, à tort ou à raison, qui n'ébranlent violemment le crédit de ces entreprises, ou ne l'élèvent au-delà de la réalité. Il en résulte que les actions qui représen-tent les fonds versés dans ces entreprises n'offrent point de solidité comme placement ; que, par conséquent, elles n'en-trent pas ou peu dans la circulation, et la preuve matérielle de ce fait existe, elles ne sont pas cotées à la Bourse; ainsi, on ne peut vraiment pas les regarder comme des valeurs de circulation, ou du moins ce sont des valeurs mal assises; ainsi, le capital qu'elles représentent va s'enfouir dans le travail qu'il paie, et, jusqu'à l'achèvement de l'entreprise, le bénéfice de sa circulation est enlevé au pays. Après l'achèvement même du travail, l'incertitude des produits des premières années laisse encore ces valeurs sans solidité, et ce ne peut être qu'au bout d'un temps très-long qu'elles peuvent inspirer aux capitalistes quelque sécurité.

Par le système que nous proposons, on voit que toutes les actions des entreprises de travaux publics auraient toute la solidité des fonds publics pendant tout le temps de la garantie convenue avec l'État; temps suffisant pour fixer l'opinion sur la valeur de ces entreprises, et pour que leurs actions soient ensuite recherchées avec autant d'empressement, et restent aussi facilement circulables que lorsqu'elles seront garanties par l'État.

Ainsi notre système ne consiste pas seulement à *créer pour deux milliards de travaux publics;* mais encore à *jeter dans la circulation ce capital de deux milliards,* représenté par les actions de toutes les sociétés anonymes subventionnées par l'État.

On a beaucoup agité en divers temps les questions de *papier-monnaie,* et aujourd'hui les économistes et les financiers ont sur ces graves questions des opinions fort diverses; ce n'est pas ici le lieu de les traiter, nous nous bornons à dire que nous pensons avec Ricardo que *la monnaie est à son état le plus parfait quand elle est à l'état de papier,* et nous reconnaissons en même temps que l'opinion publique, en France, n'a pas encore adopté cette formule, et que le mot *papier-monnaie* est encore pour elle aujourd'hui un épouvantail.

Et cependant, les valeurs circulant sous la forme de papier prennent une extension de plus en plus grande; nous ne parlons pas de la lettre de change, entrée si avant dans les idées, dans les habitudes industrielles; ni même des billets de la Banque, qui, pour Paris du moins, constituent un signe monétaire aussi circulant que l'or et l'argent. Mais nous signalons le développement considérable qu'a pris le système des entreprises par actions, et cette innovation grave des *actions au porteur dans les sociétés en commandite;* innovation que les jugemens du tribunal de commerce, et même des arrêts, ont définitivement introduite dans nos nouvelles habitudes financières; innovation qui atteste le besoin d'une circulation facile, et les efforts de l'industrie délaissée à ses seules ressources, pour arriver à la mobilité des valeurs, principe fondamental du travail, et stimulant le plus énergique de ses progrès.

Nous croyons que le genre de valeurs que notre système introduirait dans la circulation est de nature à exercer sur tout le pays une influence puissante, puisque ces valeurs auraient *pour* DOUBLE GARANTIE *la fortune* PUBLIQUE *et l'industrie* PARTICULIÈRE. Elles constitueraient donc un lien puissant entre le gouvernement et la société, et l'on doit remarquer surtout que le genre de spéculation ou de jeu auquel elles pourraient donner lieu, comme toute valeur mobile, serait fort différent de celui dont les fonds publics sont l'objet. Il nous semble que l'agiotage pourrait bien plus difficilement s'en emparer que des valeurs du trésor public, et nous avons la conviction, au contraire, qu'elles tendraient à diminuer notablement les habitudes d'agiotage.

Nous venons de lever les principales objections dont notre système nous paraît susceptible, et de présenter rapidement les avantages qui peuvent en être la suite. Nous ne pensons toutefois ni avoir levé toutes les objections, ni avoir présenté toutes les conséquences favorables de ce système ; seulement nous croyons en avoir assez dit pour le faire comprendre, et pour qu'il puisse devenir la matière d'une discussion sérieuse.

C'est là surtout ce que nous désirons ; car aujourd'hui nulle matière ne nous apparaît plus grave.

SOLUTION TRANSITOIRE DU PROBLÈME DE L'INTERVENTION DE L'ÉTAT EN MATIÈRE DE TRAVAUX PUBLICS ;

CO-EXISTENCE NÉCESSAIRE DES CANAUX ET DES CHEMINS DE FER ;

APPLICATION DE CE SYSTÈME *à l'ensemble de nos voies de communications ;*

MOYEN FINANCIER *pour l'exécution de* DEUX MILLIARDS *de travaux publics ;*

PROPOSITION DE DEUX VALEURS NOUVELLES DE CIRCULATION, *représentant l'une le capital engagé dans les travaux publics, l'autre les marchandises stationnant dans les entrepôts de France.*

Telles sont les cinq principales questions traitées dans cet ouvrage, et dont l'importance est telle à nos yeux que nous ne savons pas de question de politique intérieure d'un ordre

plus élevé, et que nous y voyons pour le pays les élémens
les plus certains de stabilité, de paix et de progrès.

La stérilité des discussions politiques est patente aujour-
d'hui, avouée par toute la presse et déplorée par elle; c'est
que la politique subit évidemment une rénovation fondamentale, et, dans le cercle d'idées où le gouvernement constitutionnel place tout le pays, on ne saurait s'étonner sans doute
que l'industrie, qui est aujourd'hui le fait prédominant de
la société, tend à prendre place au gouvernement de cette
société. C'est sur ce principe que sont fondées les institutions qui nous régissent aujourd'hui; elles ont pour but de
mettre en saillie les grands intérêts que développent les
progrès sociaux; or, aujourd'hui, les intérêts industriels
occupent une place considérable dans la société, et fort rétrécie
dans le gouvernement; cela est donc contraire au principe
de nos institutions, et cela ne saurait durer davantage sans
porter un coup mortel à ces institutions, et sans lancer la
société dans des révolutions nouvelles dont il serait impossible de prévoir le terme et l'issue.

Dans de telles circonstances, nous croyons que tout
homme, si obscur, si ignoré qu'il puisse être, doit élever
la voix et dire ce qu'il croit utile à la prospérité générale; à
plus forte raison doivent le faire ceux qui, par de longues
études sur l'industrie et les travaux publics, peuvent mettre
quelque confiance dans leur opinion sur ces matières, et n'y
sont pas regardés comme absolument incompétens.

Telle était notre position; elle nous a paru dicter notre
devoir, et c'est parce que nous avons cru, en effet, remplir
un devoir, que nous n'avons pas craint de présenter un sys-

tème aussi vaste, puisqu'il n'embrasse rien moins que les travaux publics les plus utiles, suivant nous, au pays. Si cet ouvrage a donc quelque utilité, c'est celle surtout d'ouvrir une carrière nouvelle, et il ne nous reste plus maintenant qu'à y appeler tous les hommes qui désirent vivement l'accroissement du travail et la prospérité des sociétés humaines, à la tête desquelles se place notre belle patrie.

NOTES.

———

NOTE A.

Sur les frais de construction et le fret des canaux, et sur les frais de construction et de traction des chemins de fer.

Nous répétons d'abord ici, et notamment pour ce qui concerne les frais de construction des canaux et chemins de fer, ce que nous avons dit dans l'ouvrage, page 84, que la recherche à laquelle nous allons nous livrer ne peut avoir de valeur que pour un système général de voies de communication. Ce que nous nous proposons d'établir, c'est un *prix moyen*. On a pu voir d'ailleurs, dans notre chapitre VII, que nous nous sommes souvent écartés de ce prix pour l'évaluation des canaux ou des chemins de fer proposés, suivant que les localités nous ont paru présenter des difficultés supérieures ou inférieures aux difficultés moyennes.

Frais de construction des Canaux.

Voici le prix de quelques canaux exécutés :

Canal du Midi, par kilomètre. . . . . 141,000 fr.

Canal de St-Quentin, *id.* 226,000

Canal du Centre. . . *id.* 100,000

Canal de Briare. . . *id.* . . . . 166,000 fr.

Canal du Loing. . . *id.* 47,000

Canal d'Orléans. . . *id.* 106,000

Il résulte de ces divers prix un prix moyen de. 132,000

M. Brisson (1) évalue le prix du kilomètre de canal à. 90,000

Mais dans ce prix il ne comprend pas les écluses, qu'il évalue par mètre de chute à. 24,000

Il suppose à ces écluses la dimension de la presque totalité des canaux de France, 5^m,20 entre les buses, et 31^m,50 de longueur.

Dans ce prix ne sont pas compris non plus les rigoles, qu'il évalue par kilomètre à . . . . 18,000 fr.

Ni les souterrains qu'il évalue par kilomètre, en leur supposant 6 mètres de largeur sur 7 mètres de hauteur sous voûte, et en admettant que le halage s'y fera de dessus les bateaux et sans banquettes, 500,000 à 1,000,000.

Les souterrains du canal Saint-Quentin ayant 8 mètres de largeur et 8 mètres de hauteur, reviennent, y compris les voûtes, par kilomètre, à . . . . 500,000 fr.

M. Brisson, dans la récapitulation qu'il présente (page 127 de son ouvrage), arrive au résultat suivant : que 2,225 kilomètres de canaux de grande section qu'il propose reviendraient à . . . . 339,557,000 fr.

Soit par kilomètre. 147,000

Dans cette somme ne sont pas compris les intérêts pendant la construction.

_____

(1) *Essai d'un système général de navigation intérieure*, pag. 115.

M. Dutens (1) évalue le prix moyen du kilomètre de canal à 100,000 fr., et dans la récapitulation qu'il présente (p. 344, tome II), il arrive au résultat suivant : que 4,080 kilomètres de canaux proposés par lui, en grande section, coûteraient 448,365,000 fr., soit par kilomètre. . . . . 109,000 fr.

La moyenne des évaluations de MM. Dutens et Brisson est de . . . . 126,000 fr.

Enfin nous avons vu par les calculs présentés dans cet ouvrage, pages 62 à 64, que les canaux en ce moment exécutés par le gouvernement reviendront, par kilomètre, à. . . 125,000 fr.

Cette dernière donnée est celle que nous adoptons ; c'est celle qui nous paraît la plus pratique, et si elle est un peu inférieure à la moyenne déduite de six canaux exécutés, mentionnés ci-dessus, nous croyons que la différence de 7,000 fr. qui existe entre ces deux prix moyens est bien expliquée par les progrès faits par l'art de l'ingénieur, qui ont introduit de grandes économies dans tous les travaux.

Nous ferons ici une remarque : nous avons dit, page 63 , d'après M. Dutens, qui avait lui-même extrait ce document de l'histoire de la navigation intérieure de l'Angleterre, par Philips, que les canaux anglais de grande section avaient coûté 101,136 fr. le kilomètre.

Nous avons fait observer que la section des canaux anglais était inférieure à celle des nôtres.

Nous ajoutons ici que nous sommes convaincus que les canaux anglais ont coûté plus cher que Philips ne l'a indiqué. Plusieurs auteurs estimés présentent, pour plusieurs des canaux principaux de l'Angleterre, des prix supérieurs à ceux qu'a indiqués Philips; nous croyons que cela tient à ce que Philips n'a souvent porté

(1) *Histoire de la navigation intérieure* , tom. II, pag. xviij.

en compte que les sommes dont le fonds social primitif se compo-
sait, et qu'il n'y a pas toujours ajouté les emprunts faits par plusieurs compagnies pour achever leurs travaux.

Nous sommes d'autant plus fondés à émettre cette opinion qu'un
autre auteur, Priestley, dont une *Relation historique sur les
canaux d'Angleterre*, citée par M. Minard, dans les *Annales
des Ponts-et-Chaussées,* pour janvier et février 1832, pag. 141,
donne, pour plusieurs canaux anglais, des prix supérieurs à
ceux de Philips, et d'où il résulterait un prix moyen plus élevé
que celui que Philips a conclu des chiffres qu'il a présentés.

Quant aux canaux de petite section, M. Dutens (page xix,
tome IIe), d'après l'exemple du canal de Berry, construit sous
ses ordres, et qui reviendra à 57,000 fr. le kilomètre, prouve
que l'on peut évaluer généralement le kilomètre de canal de petite section à. . . . . 65,000 fr.

Le canal du Berry a 5^m au plafond, 1^m,50 de tirant d'eau,
9^{m}50 à la ligne d'eau, 11 mètres à la ligne des chemins de halage. Les écluses ont 2^m,7, entre les bucs, et 30^m,46 de
long.

M. Brisson évalue (page 116 de son ouvrage) les canaux de
petite section à. . . . . 57,000 fr.

Mais il n'y comprend ni les écluses, qu'il évalue par mètre de
chute à . . . . 15,000 fr.

Ni les rigoles, évaluées comme plus haut, ni les souterrains
qu'il évalue pour 3^m,40 de largeur, et 5^m,50 de hauteur, par kilomètre de 250,000 à. . . . . 400,000 fr.

Dans la récapitulation que présente M. Brisson (page 127 de
son ouvrage), il arrive à ce résultat, que 8,028 kilomètres de
canaux de petite section proposés par lui coûteraient 745,926,000,
non compris les intérêts pendant la construction, ce qui fait par
kilomètre.. . . . . 92,000 fr.

M. Dutens, dans la récapitulation qu'il présente (p. 344, tome II), arrive à ce résultat, que 8,446 kilomètres de canaux de petite section, qu'il propose, coûteraient, non compris les intérêts pendant la construction, 687,870,000, soit par kilomètre............................ 81,000 fr.

La moyenne de ces deux évaluations est de. . . 85,500 fr.

Nous pensons que cette moyenne n'est aussi élevée que parce MM. Brisson et Dutens ayant voulu présenter un système général et complet de navigation intérieure, ont proposé une très-grande quantité de canaux de petite section qui offriraient beaucoup de difficultés, auraient de très-grandes pentes à racheter, et nécessiteraient beaucoup de souterrains. Ainsi, pour les 8,028 kilom. de ces canaux qu'il propose, M. Brisson admet qu'il faudrait 162 kil. de souterrains. Nous avons fait remarquer d'ailleurs, à plusieurs reprises, dans le cours du chapitre VII, qu'il pense que beaucoup de ces canaux pourraient être avantageusement remplacés par des chemins de fer. Nous nous arrêtons donc pour le kilomètre de longueur des canaux de petite section, lorsqu'il y a avantage à construire des canaux de ce genre et non pas des chemins de fer à . . . . 65,000 fr.

Fret sur les Canaux.

Le fret sur les canaux étant assez variable, ainsi que nous le montrerons plus loin, nous avons voulu nous rendre compte de ce qu'il devait être en réalité, en le décomposant en ses divers élémens; savoir, les frais de halage proprement dits, la nourriture et les gages de l'équipage, et le loyer du bateau et des agrès.

Sur les canaux du Nord, deux chevaux halent un bateau chargé de 150 tonnes et lui font parcourir, par jour, 25 kilom. Admettant que l'effort exercé par chaque cheval soit de 50 kilogr., on trouve que la résistance est 0,0006 de la charge.

Suivant MM. Coïc et Duleau, dans leur *Reconnaissance de la Seine de Rouen à Saint-Denis*, huit chevaux entre Rouen et Oissel halent un bateau chargé de 250 tonneaux. Ils parcourent l'intervalle compris de 13 k. en 3 heures 44 minutes, ce qui correspond à une vitesse d'un mètre par seconde. La vitesse de la rivière est d'environ 0^m,80 par seconde, en sorte que la vitesse relative de l'eau et du bateau est de 1^m,80. La pente de la rivière est de 4 centimètres par kil., ce qui, en portant le poids du bateau au tiers de la charge, augmente la résistance de 13 kilogrammes.

Ces données admises, on trouve que la résistance, sur un canal de niveau, pour une vitesse d'un mètre par seconde serait de 120 kilogr., ou 0,00048 à la charge.

Selon M. Alphonse Peyret, sur le canal de Givors, deux hommes exerçant un effort que l'on peut évaluer à 14 kilog., halent un bateau chargé de 100 tonneaux avec une vitesse de 0^m,3 par seconde. La résistance est ici 0,00014 de la charge.

Ces divergences, dans l'évaluation du rapport qui existe entre la résistance et la charge, s'expliquent par des différences dans le chargement du bateau, sa forme, les dimensions du canal, la rapidité du mouvement, et par l'incertitude que laisse l'évaluation que nous avons faite de l'effort exercé par les chevaux et les haleurs.

Quoi qu'il en soit, si l'on estime à 12 fr. la journée de deux chevaux et de leur conducteur dans le nord de la France, on trouve que, sur les canaux du Nord, les frais de halage, proprement dits, reviennent à 0^f,0032 par tonne et par kilomètre.

Et si l'on calcule à 5 fr. la journée de deux haleurs sur le canal de Givors, on trouve que les frais de halage y sont de 0^f,0041 par tonne et par kilom.

Nous allons voir tout-à-l'heure que ces mêmes frais sont sur la Seine de 0^f,0162, 0^f,0288, 0^f,0217 par tonne et par kilomètre; c'est en moyenne, 0^f,0222; or la vitesse des bateaux étant supposé d'un mètre par seconde, si la Seine avait partout un courant d'un mètre, les frais de halage en remonte y seraient seulement quadruples de ce qu'ils seraient sur un canal; mais les inégalités de pente, les pertuis où elle est considérable, toutes les autres difficultés que l'on rencontre à chaque pas, la complication des manœuvres, les chevaux de renfort qu'il faut prendre, le temps perdu à les faire passer d'une rive à l'autre, le mauvais état des chemins de halage, doivent rendre ces frais sept à huit fois plus considérables. Si nous divisons par sept la moyenne de 0ᶠ,0222, donnée ci-dessus, nous arrivons pour les frais de halage sur une eau dormante, par tonne et par kilomètre, à 0ᶠ,0031, résultat à peu près identique à celui que nous avons trouvé ci-dessus pour le halage sur les canaux du Nord.

Pour les autres dépenses du fret, nous pensons qu'on peut très-bien se rendre compte de ce qu'elles peuvent être par les documens suivans :

MM. Coïc et Duleau, dans leur journal de la *Reconnaissance de la Seine entre Rouen et Saint-Denis*, fournissent le document suivant sur les dépenses d'un bateau de 200 tonneaux, de l'entreprise des bateaux dits accélérés. Le calcul est présenté pour un tonneau.

	Pour la distance totale.	Par kilomètre
Ponts et pertuis.	1 f. 22 c.	0,0056.
Chevaux de halage.	4 68	0,0217.
Octroi de navigation.	1 43	0,0066.
Gages et nourritures de l'équipage.	1 »	0,0046.
Usure des cordes et du bateau, et intérêt du capital.	2 »	0,0093.
	10 33	0,0478.

Un mémoire publié par M. Duboullay, au nom des mariniers de la grande navigation, présente les résultats suivans :

	FRAIS D'UN BATEAU de grande navigation, port, 500 tonneaux — par tonne :		FRAIS D'UN BATEAU pour la navigation d'accele re, port, 200 tonneaux — par tonne :	
	Distance totale	Par kilomètre	Distance totale	Par kilomètre
Ponts et pertuis........ ..	0,619	0.0030	1,162	0,0054
Chevaux de halage........	3,504	0,0162	6,216	0,0288
Octroi de navigation	1,040	0.0048	1.744	0.0031
Gages de l'équipage......	0,800	0 0037	1,725	0,0079
Nourriture (dito).......	0 600	0,0028	1,250	0,0058
Usure de cordes.........	0,500	0 0023	0,750	0,0034
Usure du bateau........	0.500	0,0023	1,250	0,0057
Intérêts du capital.......	0,400	0,0023	1,000	0,0046
Total..........	7,903	0,0369	15,097	0,0697

Nous voyons donc que les gages et la nourriture de l'équipage sont calculés dans le premier document, par tonne et par kilomètre à 0,0046; dans le second, à 0ᶠ,0065, et à 0ᶠ,0137; la moyenne est de 0ᶠ,0083.

Le loyer du bateau est calculé dans le premier document à 0,0093; dans le second à 0,0069 et à 0,0157; moyenne 0,0099.

Les deux moyennes réunies font 0ᶠ,0192.

Nous pensons que comme il faut, sur des canaux, des mariniers moins nombreux et moins habiles que sur les rivières; que l'usure des cordes est presque nulle sur les canaux; que les bateaux y sont exposés à des avaries et à des chocs bien moins fréquens que sur les rivières, il faut prendre, pour calculer le fret des canaux, le tiers de la première de ces moyennes et les trois quarts de la seconde.

Nous aurons alors pour la totalité du fret, par tonne et par kilomètre.

Frais de halage. . . . . $0^f,0032$.
Gages et nourriture de l'équipage. . . $0^f,0041$.
Loyer du bateau et des agrès. . . . . $0^f,0075$.
_____
$0^f,0148$.

Soit en nombre rond.. . . . . $0^f,0150$.

Si l'on supprime dans cette somme les frais de halage, on trouve $0^f,0118$; ce sera le fret sur les rivières navigables en descendant. Duleau admet pour cet objet $0^f,01$ (Cours de construction).

Le fret sur les canaux du Midi est de $0^f,024$ par tonne et par kilomètre. Cela tient à ce qu'il n'y a pas assez de profondeur d'eau entre Aigue-Morte et Agde, et qu'on est obligé soit de transborder, soit de diminuer les chargemens, soit d'employer les alléges.

M. Dutens, dans son ouvrage sur _la Navigation intérieure_, tome II, page xxv, dit que le fret sur le canal du Midi est de $0^f,0197$, y compris les frais de commission, et il pense que, ces frais déduits, le fret doit s'évaluer à $0^f,0157$.

Enfin le fret sur les canaux du nord de la France est de $0^f,015$, et ce chiffre qui s'accorde si bien à celui que nous avons trouvé plus haut, est celui auquel nous nous arrêtons. Il nous paraît démontré que, lorsque des lignes de navigation bien complètes seront établies entre les principaux points de production et de consommation en France, le fret sur les canaux non-seulement ne dépassera pas cette somme, mais même pourra être moindre encore.

20

Nous parlons ici du fret sur les canaux de grande section ;
quant au fret sur les canaux de petite section, il serait un peu
plus fort ; nous pensons qu'on peut le calculer à 0f,02.

Nous rappelons d'ailleurs que ce fret est calculé pour une vitesse
d'un mètre à la seconde, un peu moins d'une lieue à l'heure.
Cette vitesse est très suffisante sur des lignes navigables bien or-
ganisées. On pourrait même la diminuer, et on y trouverait de
l'économie.

Frais de construction des Chemins de fer.

Afin de faciliter la discussion à laquelle nous voulons nous livrer sur cette question, nous présenterons d'abord le tableau des
dépenses faites pour les trois chemins de fer de Manchester à Liverpool, de Saint-Étienne à Lyon, et d'Andrezieux à Roanne,
en observant que pour ce dernier nous avons établi les dépenses
d'après les comptes rendus pour la partie exécutée en 1831, et
que les travaux d'art et les terrassemens ayant été exécutés pour
deux voies, mais une seule voie de *rails* ayant été posée, nous
avons doublé les dépenses relatives à la voie déjà exécutée ; quant
aux dépenses comprises sous le titre études, tracés, frais généraux, nous y avons seulement ajouté la moitié en sus.

Voici la longueur comparative des trois chemins :

Chemin de Manchester à Liverpool, 31 milles anglais, à
1609 m. le mille.. . . . . 49,476^m

Chemin de Saint-Étienne à Lyon. . . . . 59,000.

Chemin de Roanne à Andrezieux. . . . . 67,000.

Partie exécutée en 1831, et sur laquelle sont basés nos calculs. . . . . 51,886.

Voici maintenant la comparaison des dépenses des trois chemins.

NATURE DES DÉPENSES.	CHEMIN de Manchester à Liverpool.		CHEMIN de Saint-Étienne à Lyon.		CHEMIN de Roanne à Andrezieux.	
	Pour la distance totale.	Par kilomètre.	Pour la distance totale.	Par kilomètre.	Pour la distance totale.	Par kilomètre.
Achats de terrains............................	2,653,121	53	2,000,000	33,89	330,000	6,56
Terrassemens.....	6,353,658	127	1,500,000	25,60	805,304	16,01
Travaux d'art; souterrains.............	4,027,740	80.53	3,700,000	62,74	311,419	6,09
Dés en pierre; traverses en bois..........	517,120	10	231,250	3,91	329,532	6,54
Pose; construction de la chaussée...................	518,834	10.34	344,250	5,83	1,723,154	34,36
Rails et coussinets............................	1,711,382	34.23	1,924,500	32,61		
Établissemens aux points de chargement et déchargement...	1,769,757	35.29	1,300,000	22,03	»	»
Frais de clôture............................	332,000	6.64	»	»	»	»
Matériel de transport........................	705,373	14.11	1,000,000	16,94	465,000	9,24
Etudes, tracés, frais généraux.....................	2,072,523	41.65	600,000	10,17	421,945	8,39
	20,664,508	412º79	12,600,000	213º69	4,391,151	87º19

Ce tableau donne lieu à plusieurs observations.

L'on voit d'abord que les *rails* et leur pose ont coûté sensiblement le même prix dans les trois chemins, savoir : 44 f. 57 c. ; 38 f. 44 c., et 34 f. 36 c. ; si les prix des deux chemins français sont inférieurs à ceux du chemin anglais, c'est que dans celui-ci les rails pèsent 17 kil. par mètre courant, tandis qu'ils pèsent 13 kil. dans le chemin de fer de Saint-Étienne, et 15 kil. dans celui d'Andrezieux à Roanne.

Mais de grandes différences existent dans les autres dépenses.

Pour que la cause principale de ces différences de dépenses puisse être bien appréciée, nous présenterons ici le tableau des pentes des trois chemins.

Pentes du chemin de fer de Manchester à Liverpool.

DÉSIGNATION des parties de la route.	LONGUEURS		PENTES	
	en milles	en mètres.	descendantes	montantes
Plan incliné, souterrain de Liverpool.............	1 1/8	1810.125	0,0208	»
Plateau d'Edge-Hill......	5/8	1005.625	»	»
Edge-Hill à Whiston....	5 1/8	8246.125	»	0,0009
Plan incliné de Whiston..	1 1/2	2413.50	0,0104	»
Plateau de Rainhill......	1 7/8	3016.875	horizontal	»
Plan incliné de Sutton....	1 1/2	2413.50	»	0,0104
Marais de Parr..........	2 1/2	4022.50	»	0,0004
De Collins Green à Bury-Lane.................	6 1/2	10458.50	»	0,0011
Marais de Chat..........	5 1/2	8849.50	0,0008	»
De Barton à Manchester..	4 1/2	7240.50	horizontal	»
	30 3/4	49476.75		

Le plan incliné de la galerie de Liverpool ayant une pente de 0,0208 est servi par une machine fixe ; il a 1810^m de long.

Quant aux deux autres plans inclinés, on voit qu'ils ont 2400^m de long seulement, et une pente de 0,01. Les machines locomotives les franchissent, au moyen de l'accélération de vitesse qu'elles peuvent prendre sur les plans qui les précèdent et où les pentes ne sont que de 0,0009 et de 0,0004.

Pentes du chemin de fer de Saint-Étienne à Lyon.

DÉSIGNATION des parties de la route.	LONGUEUR en mè res.	PENTES.
Du pont de la Mulatière (Lyon) à la rivière d'Oulins..................	2,210	0,0016
De la rivière d'Oulins à la rivière de Garon........................	13,172.50	0,0004
De la rivière de Garon à Givors......	2,295	0,000565
De Givors au pont du Giez..........	1,292	0,0025
Du pont du Giez à Rive-de-Giez.....	13,613	0,00569
De Rive-de-Giez à Verchères........	634	0,0065
De Verchères au pont de l'Ane......	19,890	0,0134
Du pont de l'Ane à la Monta (St.-Étienne)	2,850.50	»
	55,956	

Nous faisons observer que ce détail des pentes est extrait du *Rapport sur le Chemin de fer de Saint-Étienne à Lyon*, publié en 1826, par MM. Seguin frères, et Ed. Biot. Il y a eu depuis ce temps des modifications dans le tracé ; mais elles n'ont pas sensiblement influé sur les pentes. Seulement la longueur du tracé a été augmentée de près de 4,000 m., puisqu'elle est aujourd'hui de 59,000 m.

Ce qu'il y a de plus remarquable dans ce tracé, c'est la pente de 0,0134, sur une longueur de plus de 20,000 mètres; pente qui ne peut être servie ni par machines locomotives, ni, sans de très-grandes dépenses, par des machines fixes. Elle est aujourd'hui servie par des chevaux.

Pentes du chemin de fer d'Andrezieux à Roanne.

DÉSIGNATION de parties de la route.	LONGUEURS.	PENTES.
De Roanne à l'Hôpital	3035	0,00165
	3380	0,00385
	2260	0,0064
De l'Hôpital à la Roche	6600	0,0097
De la Roche à la rivière du Bernand, près Balbigny	850	0,0491
	1425	0,00663
	2230	0,04
	625	Horizontal.
	2230	0,039
	4230	0,002
	1800	0,0446
Du Bernand à la route de Lyon	21750	0,00123
De la route de Lyon à la Coise	6490	0,0008
De la Coise à Muron	6960	0,0056
De Muron à la Fouilloue	4850	0,0056
	1000	0,03
	600	Horizontal.
	1000	0,0301
	71315	

Ce chemin de fer présente des particularités que déjà nous avons signalées, page 79 et suivantes.

Le plan incliné de l'Hôpital à la Roche ne nous paraît pas pouvoir être servi par machines locomotives; la pente de 0,0097 sur 6600 m. de long nous semble beaucoup trop forte pour ces machines; nous croyons aussi qu'il sera bien difficile de le servir par machines fixes.

Les deux autres plans de 2230 m. de long, sur 0,04 et 0,039, ne peuvent également pas être suivis par machines locomotives, et ils le seront chèrement par machines fixes. Il nous paraît évident qu'une partie de ce chemin devra être servie par chevaux.

Les deux chemins de fer exécutés en France ne peuvent donc aucunement être comparés au chemin de Manchester à Liverpool; et, ainsi que nous l'avons dit, lorsque l'on présente, d'une part, des devis établis d'après le chemin de fer d'Andrezieux à Roanne, et, de l'autre, une évaluation de produits basés sur les revenus du chemin de fer de Manchester à Liverpool, on induit grossièrement les capitalistes en erreur.

Nous pouvons très-bien nous rendre compte maintenant des grandes différences de prix qui existent dans ces trois chemins.

D'après les conditions de tracé auxquelles on avait soumis le chemin anglais, les terrassemens, déblais ou remblais, et les travaux d'art y ont été considérables. Le souterrain creusé dans une roche de grès rouge a été fort cher, et la traversée des marées de Chat, les tranchées du Mont-Olive, qui ont plus de 20 mètres au point culminant, la grande levée de Roby, qui varie de 5 m. à 14 m., composent des travaux d'art excessivement coûteux, et qui présentent une réunion de d. ...ltés peu ordinaire.

Il ne faut donc pas s'étonner s'il y a entre le ch...in anglais et celui d'Andrez'eux à Roanne, une différe. e par mètre courant, pour les achats de terrain de 46 fr.; pour les terrassemens, de

111 fr. ; pour les travaux d'art, de 74 fr. Différence totale par mètre courant, 231 fr.

Outre que le terrain d'Andrezieux à Roanne ne présentait pas de difficultés extraordinaires, on a encore cherché à éviter celles que pouvait présenter, par exemple, le tracé latéral à la Loire, par lequel on aurait eu des pentes fort douces pour les machines locomotives; on a évité, disons-nous, ces difficultés, en se portant sur les plateaux qui avoisinent la Loire, et ainsi on a fait un chemin de fer à point de partage, qui a une partie de son tracé à 237 mètres au-dessus d'une des extrémités, à 123 mètres au-dessus de l'autre; on a donc épargné ainsi toutes les dépenses de terrassemens, de tranchées, de souterrains, qui ont eu lieu pour le chemin anglais, et même pour celui de Saint Étienne à Lyon, où il n'y a pas d'aussi énormes variations de pentes Nous ne nions pas que la nécessité d'introduire une très-grande économie dans la construction du chemin d'Andrezieux à Roanne n'ait dû conduire l'habile ingénieur qui l'a dirigé, au tracé qu'il a adopté; mais on voit que ce tracé ne permet d'espérer, sur ce chemin, ni LA RAPIDITÉ, ni L'ÉCONOMIE DE TRANSPORT du chemin de fer anglais.

Essayons maintenant, au moyen des données que nous venons de présenter, de déterminer le prix moyen de chemins de fer qui seraient, autant que possible, soumis aux conditions de tracé du chemin de fer de Manchester à Liverpool, c'est-à-dire, où l'on écarterait autant que possible l'emploi des machines fixes, donnant d'ailleurs aux plans à servir par ces machines le moins de longueur et le plus de pente possible, et quant à toute la partie à servir par machines locomotives, ne donnant pas aux plans inclinés plus de 0,01 de pente et une longueur maximum de 2500 mètres, en les faisant précéder d'ailleurs de longs plans de la plus faible pente possible, afin que les machines locomotives puissent y prendre l'accélération de vitesse nécessaire pour franchir les plans de 2500 mètres et de 0,01 de pente.

Donnant 7 m. de couronnement au chemin de fer, la largeur moyenne y compris fossés et talus, sera de 17 m.; admettant que le chemin soit sur la moitié de son étendue en déblai, et sur l'autre en remblai, le cube de terre à remuer sera, par mètre courant, de 23 mètres cubes.

Chaque mètre cube de remblai coûtera par fouille et mise en camion. . . . . o   36 c.

Pour transport à 15 distances de 100 m. sur des *rails* de fer, à raison de 0f,05 par distance, y compris la pose des rails et les retours à vide. . . . . . o   75
_____

1 f. 11 c.

Pour 23 m. c., la dépense sera de.   25 f. 53 c.

Nous ajouterons pour terrassemens extraordinaires, tranchées.   5   »
_____

TOTAL. . . . 30 f. 53 c.   30 f. 53 c.

Le prix moyen des terrassemens des trois chemins de fer, ci-dessus indiqués, est de 56 fr.; nous croyons qu'en raison des travaux extraordinaires du chemin de fer de Manchester à Liverpool, le prix, que nous adoptons, et qui est supérieur à celui du chemin de fer de Saint-Étienne à Lyon, et presque double de celui d'Andrézieux à Roanne, est suffisant.

Pour les travaux d'art, nous croyons que les deux

A reporter.   30   53

Report. 3o   53

chemins de Manchester à Liverpool, et de Saint-
Étienne à Lyon, ont présenté des difficultés qui ne
se reproduiraient pas dans une longue étendue de
chemins de fer sur le sol de France, où il se trouve
peu de parties aussi tourmentées que le Forez ; nous
porterons pour cet article moitié de celui de Saint-
Étienne.   31   5o

Dés en pierre :

Le prix moyen de cet article, dans les trois chemins,
est de 6 fr. 82 c. ; nous l'adoptons.   6   82

Rails et coussinets et pose :

Le prix moyen de cet article, dans les trois chemins, est de 38 fr. ; nous l'adoptons.   38   »

Achats de terrain :

Le prix moyen de cet article, dans les trois chemins, est de 31 fr. ; nous ne croyons pas devoir porter plus de moitié.   15   5o

Matériel de transport.   10   »

Établissemens de chargement et déchargement,
frais de clôture.   12   »

Études et frais généraux.   10   »

Frais imprévus.   5   65

TOTAL, par mètre courant. . . 160 f. »

Nous pensons que ce prix serait suffisant pour les chemins de
premier ordre que nous avons indiqués à la fin du chapitre VI,
page 105. Si quelques parties de ces chemins présentent des difficultés qui en eleveraient le prix peut-être jusqu'à celui de Manchester à Liverpool, une très-grande partie tracée latéralement à
des fleuves, ou sur des lignes de faîte qui n'offrent pas d'ondula-

tions fortes, se construiraient à un prix très-inférieur à celui que nous venons d'indiquer.

Quant aux chemins de fer servis par des chevaux, la possibilité d'admettre de fortes pentes, réduit dans une grande proportion les dépenses de construction. Il en sera de même toutes les fois que, comme sur le chemin de fer d'Andrezieux à Roanne, on ne reculera pas devant l'emploi des machines fixes.

On peut alors diminuer de moitié la surface occupée par le chemin, les terrassemens des trois quarts, et réduire ainsi les prix de construction à moins de moitié du prix ci-dessus, pour deux voies, et à 45 fr. pour une voie.

On rentre alors dans les prix auxquels on exécute, aux États-Unis, ces vastes étendues de chemins de fer sur lesquelles on a aussi établi des raisonnemens si peu fondés. Ces entreprises sont bien entendues sans doute dans un pays où le roulage de terre est peu développé ; mais elles ne peuvent présenter les avantages que, d'Europe, on est porté à leur attribuer. Car elles devront être servies par des chevaux, et nous allons voir que l'économie qu'elles peuvent présenter, n'est pas aussi grande qu'on le suppose généralement.

Frais de traction sur les chemins de fer.

Pour calculer quels sont les frais de traction sur un chemin de fer par machines locomotives, il faut se rendre compte : 1° de la consommation du combustible ; 2° de l'intérêt du capital engagé dans le matériel du transport ; 3° des gages de l'équipage ; 4° des menues dépenses diverses.

Nous allons successivement traiter ces quatre points.

1° *Consommation du combustible.* On a peu de données certaines sur la consommation du combustible dans les machines locomotives. M. Walker, l'un des ingénieurs consultés sur cette question par les directeurs du chemin de fer de Manchester à Liverpool, l'estimait à o^k,69, et M. Stéphenson, ingénieur de ce chemin, à o^k,48, par tonne transportée à un kilomètre, sur un chemin horizontal.

On paraît avoir obtenu depuis, des résultats beaucoup plus avantageux. MM. Braithwaite et Éricson s'engagent à fournir des machines qui ne brûleront que o^k,31 de coke par tonne transportée à 1 kilomètre, et avec une vitesse de 25,000 mètres à l'heure.

MM. Mellet et Henry citent une expérience où elle a été de o^k,11 seulement.

Les résultats les plus précis que nous ayons pu obtenir à cet égard sont extraits d'une notice de M. Alphonse Peyret, sur le chemin de fer de Saint-Étienne à Lyon.

Selon lui (page 55), les machines de MM. Séguin, marchant avec une vitesse de 4 m. par seconde, produisent par heure et avec la consommation de 200 k. de charbon, 800 kil. de vapeur à la température de 135,°1 et sous une pression de 3 atmosphères; ce résultat paraît plausible, car on sait que dans les meilleurs fourneaux construits pour les machines fixes, la même quantité de combustible donne lieu à la production de 12 à 1400 kil. de vapeur: une diminution de près de moitié dans la quantité de vapeur formée, n'a rien qui doive surprendre dans les appareils légers et rayonnans des machines locomotives.

Outre leur propre poids, qui est de 7 tonnes, et celui du chariot d'approvisionnement, qui est de 1200 kil., elles remorquent de 27 à 28 tonnes sur un plan incliné de 0,00568 avec une vitesse de 4 m. par seconde ou de 14,4 kilomètres par heure.

En admettant que sur un chemin de fer la traction soit $\frac{1}{100}$ de la charge, on voit que les 200 kilogrammes de charbon consumés développent une force de 384 kilogrammes avec une vitesse de 4 m. par seconde.

Ce résultat peut être admis ; car 1 kilogramme de vapeur d'eau à la température de 135°,1, et sous la pression correspondante de 3 atmosphères, occupe un volume de 0^m,61 ; 800 kil. occuperaient donc 496 m., et pourraient élever le même volume d'eau à la hauteur de la colonne d'eau qui correspond à 2 atmosphères ; cela revient à une traction de 712 k. avec une vitesse de 4 m. par seconde ; admettant que les frottemens, les pertes de vapeur donnent lieu à un déchet de moitié, on trouve le nombre 356, qui ne diffère pas assez de 384, pour qu'on ne puisse admettre celui-ci comme résultat bien constaté.

Sur un plan horizontal, le poids de marchandises que l'on pourra traîner avec cette force et cette vitesse s'obtiendra en multipliant 384 par 200, et en retranchant le poids de la machine et des chariots. On trouve ainsi que les machines locomotives de MM. Séguin peuvent traîner sur un plan horizontal de 45 à 51 tonnes de marchandises, avec une vitesse de 4 m. par seconde et une consommation de 200 kil. de charbon de terre par heure. Nous prendrons pour base de nos calculs, le nombre 50, qui suppose qu'un chariot du poids d'une tonne soit chargé de près de 3 tonnes de marchandises. Cela revient à une dépense de 0^k,274 de charbon par tonne transportée à un kilomètre sur un plan horizontal.

Sur un plan incliné de 0,00568, avec la même force, on ne peut plus traîner que 21 tonnes, ou, pour traîner le même poids, il faudrait consommer par tonne transportée à un kilomètre 0^k,652 de charbon de terre. En descendant, la dépense de combustible décroîtra, mais dans une proportion moindre qu'elle ne croît dans les montées, à cause de la nécessité d'entretenir la force de la vapeur.

Les chemins de fer présentant des pentes et des contrepentes,

la machine locomotive, pour traîner toujours le même poids de
50 tonneaux, devra donc porter au double au moins la force
qu'elle développe sur un plan horizontal, pourvu toutefois que
les pentes n'excèdent pas 0,0045 par mètre. Ce chiffre nous paraît
indiquer les limites des plans ordinaires des chemins de fer à servir par machines locomotives, sauf les plans inclinés sur une
petite longueur de 0,01, ou moins.

Les machines de MM. Séguin, destinées uniquement à remor-
quer les chariots vides de Givors à Rive-de-Gier, ne pourraient
satisfaire aux conditions que nous venons d'énoncer. Pour obtenir
ce résultat, nous croyons devoir porter le prix des machines à
20,000 fr., au lieu de 12,000 fr. que coûtent les leurs, et la
dépense en combustible sera, par la même raison, augmentée de
la moitié en sus de ce qu'elle serait si le chemin de fer, au lieu de
présenter des pentes et des contre-pentes, était parfaitement horizontal.

Les expériences bien constatées, recueillies sur le chemin de
fer de Saint-Étienne à Lyon, nous conduisent donc à admettre
que lorsque les pentes n'excèdent pas 0,0045, une machine locomotive du prix de 20,000 fr. traînera une charge de 50 tonnes
avec une vitesse de 4^m par seconde et une dépense de charbon
de $0^k,411$ par tonne transportée à 1 kilomètre.

Or le charbon de terre, à Saint-Étienne, revient à 1 fr. les
100 kil. La dépense pour le transport serait donc par tonne et
par kilomètre de $0^f,00411$; mais il faut y ajouter la moitié en sus
pour les retours à vide, ce qui fera monter cet article à $0^f,00606$.

Dans les localités éloignées des mines de houille,
ce prix pourra être cinq fois plus considérable, soit $0_f,03030$.

2° *Intérêt du matériel de transport.* Pour calculer cet intérêt, il faut connaître le nombre de machines et de chariots nécessaire. Or la donnée suivante peut nous mettre sur la voie.

Nous avons vu que, sur la Seine, le loyer d'un bateau jaugeant 200 tonneaux, charge chaque tonne transportée à un kilomètre d'une dépense de 0f,0097. Le prix d'un bateau de cette dimension avec ses agrès peut être évalué à 12,000 fr., et son loyer, pour frais d'entretien et intérêt du capital, à 20 % par an, à 2,400 fr.; c'est 12 fr. par tonneau. 12 fr. divisés par 0,0097, donnent pour quotient 1237; il faut donc, pour que les intérêts soient couverts, que l'espace parcouru à pleine charge soit de 1237 kilomètres par an.

Or, à 25 kilomètres par jour, un bateau peut parcourir, dans l'année de 300 jours de travail, 7500 kilomètres; il n'en parcourt que 1237, ou le sixième.

Les pertes de temps, les chômages, les chargemens et déchargemens, les retours à vide, absorbent donc les cinq sixièmes de l'année, ou, ce qui revient au même, le nombre de bateaux est six fois plus considérable qu'il ne serait si les transports étaient répartis régulièrement sur tous les jours de l'année, et s'il n'y avait pas de retour à vide.

Les chômages résultant, pendant l'été de l'insuffisance des eaux, et de la gelée pendant l'hiver, n'ayant pas lieu sur les chemins de fer, nous croyons que l'on peut remplacer cette proportion de 1 à 6 par celle de 1 à 4, c'est-à-dire que nous admettrons que le matériel de transport soit quadruple de celui qui suffirait dans l'hypothèse d'un transport régulier et également réparti sur tous les jours de l'année.

Nous avons vu qu'une machine locomotive du prix de 10,000f. traînera 50 tonnes de marchandises avec une vitesse de 4 m. par seconde ou de 14,4 kilomètres par heure, dans une année de 300 jours de 10 heures de travail; elle transportera ainsi 2,160,000 tonnes à 1 kilomètre par an; le nombre de chariots nécessaire pour effectuer ce transport sera de 20 environ, qui, à 500 fr. chaque, reviendront ensemble à 10,000 fr.

Si nous quadruplons le nombre des chariots et celui des machines locomotives, nous trouvons que le capital engagé sera ainsi de 120,000 fr., dont l'intérêt viager, à 20 %, sera environ de 24,000 fr. Divisant ce nombre par 2,160,000, on trouve 0^f,01111 par tonne transportée à un kilomètre.

3° *Frais de l'équipage.* L'équipage de chacune des quatre machines se compose :

D'un mécanicien, à.	1,800 fr.
D'un aide-chauffeur, à	900
D'un conducteur du convoi, à.	900
TOTAL par an.	3,600 fr.

Admettant que l'une des quatre machines au moins, étant en réparation, trois équipages suffisent pour tous les besoins, la dépense annuelle relative à cet article sera de 10,800 fr. par an ; ce qui, par tonne transportée à un kilomètre, revient à 0,005.

4° *Dépenses diverses.* Chaque machine locomotive en activité consommera en outre pour 600 fr. par an de graisse, d'huile et de chanvre ; pour trois machines, cette dépense montera à 1,800 f., ce qui, par tonne, transportée à un kilomètre, reviendra à 0^f,00083.

Les frais de transport peuvent donc être établis ainsi qu'il suit :

Intérêts du capital engagé dans le matériel de transport.	0^f,01111.	
Gages de l'équipage.	0^f,00500.	
Huile, graisse. . . . . : . .	0^f,00083.	
Premier total partiel. . .	0^f,01694.	0^f,01694.
Combustible, de	0^f,00606.	à 0^f,03030.
TOTAL.	0^f,02300.	à 0^f,04724.

Ces prix sont relatifs à une vitesse de 4 mètres par seconde, ou de 14,4 kilomètres par heure, adoptée sur le chemin de Saint-Étienne à Lyon, auquel nous empruntons toutes nos données. L'on sait que les machines locomotives peuvent prendre une vitesse beaucoup plus grande ; ainsi sur le chemin de Liverpool à Manchester, elle est de 30 à 40 kilomètres par heure ; mais cet accroissement de vitesse aura peu ou point d'influence sur les dépenses ; car la consommation de combustible étant proportionnelle à l'espace décrit, restera la même quelle que soit la rapidité du transport, et si celle-ci tend à diminuer le capital engagé dans le matériel de transport, on ne peut se refuser d'admettre que les dépenses d'entretien ou de renouvellement ne croissent dans la même proportion.

Au reste, l'expérience du chemin de fer de Manchester à Liverpool peut très-bien ici servir de guide.

Nous trouvons dans le rapport des administrateurs de ce chemin, pour le semestre de juillet à décembre 1831, que la dépense des machines locomotives a été, par chaque voyageur, de 6 deniers ¼, et par chaque tonne, de 1 schelling 11 deniers, ce qui équivaut, pour chaque voyageur, à 0f,012 par kilomètre, et par tonne à 0f,045¼ aussi par kilomètre.

Ce résultat de 0f,045 pour le prix d'un tonneau transporté à un kilomètre par machines locomotives, sur chemins de fer bien construits, est celui auquel nous nous arrêtons.

Il nous reste à calculer maintenant le transport, par chevaux, sur les chemins de fer.

A cet égard, nous ferons remarquer que ces frais peuvent facilement se déduire du roulage de terre.

Sur nos routes ordinaires, dont les pentes n'excédent pas 0,03, le roulage coûte moyennement 0f,25 par tonne transportée à un kilomètre. On admet que, sur ces routes, un cheval exerçant un effort de 50k. traîne moyennement 900 kil., qui, avec le poids

21

de la voiture, portent la charge totale à 1200 kil.; la traction est alors ¼ de la charge totale, et ¹/₁₈ du poids utile transporté.

Sur un chemin de fer, le même cheval trainera 10 tonnes, poids brut, ou 7000 kil. de marchandises, en parcourant la même étendue.

Sur un chemin de fer parfaitement horizontal, les frais de roulage seront donc réduits dans le rapport de 9 à 70, ou de 1 à 0,128.

Sur une pente de 0,01 , 10 tonnes de poids brut exigeront un effort de. . . . . 100 kil. de plus.

Sur une pente de 0,02. 200

Sur une pente de 0,03. 300

Un cheval qui traine 900 kil. de poids utile sur une route or-dinaire, trainera donc sur un chemin de fer horizontal 7000 kil.

Sur un chemin incliné de 0,01. 2333

Id.   0,02. 1400

Id.   0,03. 1000

Et les frais de transport qui sont de 0ᶠ,25 sur une route ordi-naire, seront sur un chemin de fer horizontal. . . . 0ᶠ,032.

Sur un chemin de fer incliné de 0,01. . . . . . . 0ᶠ,096.

Id.   0,02. . . . . . . 0ᶠ,160.

Id.   0,03. . . . . . . 0ᶠ,224.

Nous admettons comme terme moyen, et en raison des pentes diverses, 0ᶠ,08, pour le prix du transport d'une tonne à un ki-lomètre sur des chemins de fer servis par chevaux.

L'on peut d'après ce chiffre se rendre raison de l'importance réelle qu'il faut attacher aux chemins de fer qui s'établissent en ce moment dans les contrées les plus accidentées de l'Amérique du Nord. Cette importance est grande, mais elle est loin de ce que l'on semble en attendre, ou plutôt, elle est bien loin de ce que les spéculateurs d'Europe en racontent aux capitalistes qui n'ont pas de notions approfondies sur ces questions.

Nous devons ajouter que d'après le prix de ces chemins d'Amérique, qui varie entre 35,000 et 50,000 fr. le kilomètre, il nous paraît hors de doute que le prix du roulage n'y sera pas inférieur à 8 ou 12 centimes par tonne transportée à 1 kil. ; mais nous avons porté un prix généralement double pour les chemins de fer de second ordre que nous avons proposés dans toutes les contrées de France où le sol ne semble pas se prêter à l'établissement de canaux, et, d'après le prix que nous avons porté, nous croyons que le prix de transport y variera de 6 à 9 centimes seulement.

Si l'on applique les calculs qui précèdent au chemin de fer d'Andrezieux à Roanne, en le supposant tout entier servi par des chevaux, on trouve que le transport y reviendrait à un peu plus de 8 centimes par tonne transportée à 1 kil.

NOTE B.

Lettre de la compagnie soumissionnaire du canal maritime. — Observations sur cette lettre.

Au moment de terminer cet ouvrage, nous recevons de MM. les soumissionnaires du canal maritime, à qui nous avions donné connaissance de notre opinion sur leur entreprise, la lettre suivante que nous nous faisons un devoir d'insérer d'après le désir qu'ils nous en ont témoigné.

La compagnie, après nous avoir remercié de la communication que nous lui avons donnée entre ainsi en matière.

« Cette discussion nous fournit l'occasion de faire connaître les recherches que nous avons faites sur l'entreprise du canal maritime depuis le mois de juillet 1830 , époque à laquelle les deux membres de votre association qui avaient jusqu'alors dirigé nos travaux , se sont livrés à d'autres études.

» Vous rappelez, messieurs, que l'un de vous a écrit que Paris par rapport à sa position, sa population, ses capitaux, son commerce et son industrie, est appelé à être le centre d'une grande navigation maritime, et que les efforts de l'art doivent se réunir pour terminer ce que la nature et la civilisation ont commencé.

» Vous dites qu'en 1827 , 1828 et 1829 le canal maritime était la voie de communication la plus heureuse et la plus complète pour établir et fixer cette *unité commerciale* sans laquelle vous reconnaissez qu'aucun développement, aucune prospérité ne sont assurés.

» Mais, depuis cette époque, de tels changemens sont survenus, suivant vous , dans la navigation de la Seine, entre Paris et Rouen, que la position n'est plus la même pour l'entreprise du canal maritime.

» Le fret , par exemple, qui était moyennement en 1825 de Paris au Havre de 30 fr. 20 c. le tonneau, est tombé, dites-vous, aujourd'hui à 26 fr. La durée de la navigation, qui était de deux mois en moyenne, n'est plus aujourd'hui que de 20 jours; la différence dans le prix des sucres , entre Havre et Paris, qui était de 150 à 180 fr. le tonneau , n'est aujourd'hui que de 115 à 120 fr.

» Voici les variations subies par le fret.

» Le fret était en 1825 de . . . . 25 à 36 fr.

De 1827 à 1829 de . . . . 36 à 40 fr.

En 1830, en transbordant à Rouen, de . . . . . 32 fr. 25 c.

Sans transborder. . . . . 35 fr. 75 c.

En 1831 de . . . . 20 à 30 fr.

En 1832 (6 premiers mois) . . . . 24 à 28 fr.

et il paraît se fixer à ce dernier prix.

» Vous faites erreur sur les différences du prix des sucres. Cette différence entre le Havre et Paris est aujourd'hui de 130 fr.

» Pendant que la navigation de la Seine était aussi longue et aussi coûteuse, le canal, dites-vous, avait pu établir des tarifs qui élevaient ses produits de 18 à 19 millions; mais vous pensez que les réductions nouvelles dans les prix de la navigation ne permettent plus à notre compagnie d'établir des tarifs qui puissent couvrir les frais de construction de l'entreprise.

» Nous avons suivi attentivement toutes les variations survenues dans la navigation de la Seine depuis 1829; aucune amélioration ne nous a échappé, et nous ne voyons pas qu'elles aient fait éprouver de grands changemens dans les opérations commerciales. Ces changemens d'ailleurs, loin d'être défavorables au canal, sont presque tous à son avantage.

» Lorsque la compagnie suivait en 1826 ses études sur les produits du canal, elle avait l'espérance que le commerce des denrées coloniales continuerait à se développer comme il le faisait depuis quelques années, et que cette progression porterait, en 1831, de 50 à 60 mille le nombre des barriques de sucre que Paris recevait. Cette éventualité s'est réalisée, et c'est en effet à 60,000 que montent aujourd'hui les arrivages à Paris des barriques de sucre.

» La compagnie avait encore l'espérance qu'elle vaincrait toutes les résistances que les ports opposaient à l'établissement des entrepôts intérieurs, celui de Paris surtout, qui à lui seul devait imprimer un si grand mouvement à tout le commerce de la France, mais en particulier à celui de Paris, à ses fabriques et à ses principales industries; qui pouvait surtout déterminer le transit le plus nécessaire dans toute l'Europe, parce qu'il se trouve sur la ligne qui pénètre directement dans la partie la plus peuplée de l'Allemagne; cet entrepôt de Paris était encore une question, même avec l'existence du canal maritime. Cet entrepôt est aujourd'hui autorisé.

» Ainsi, la progression du commerce des denrées coloniales et la création des entrepôts intérieurs, toutes deux si importantes pour le canal, qui, en 1827, n'étaient que des éventualités sont aujourd'hui des certitudes. Ces changemens, ces progrès ne sont pas de ceux qui nuiront au canal.

» Voyons si les améliorations dans la navigation, si les réductions dans le prix du fret du Havre à Paris sont de nature à renverser en 1832 une entreprise que vous regardiez comme étant, de 1825 à 1829, la plus complète pour faire de Paris le centre d'une grande navigation maritime, ou, en d'autres termes, de toutes les prospérités de la France.

» Vous ne disconviendrez pas, Messieurs, que les tarifs qui seront établis sur le chemin de fer qui vous paraît devoir être établi de Paris au Havre, ne soient plus élevés que le fret de la navigation de la Seine entre ces deux villes. Si le canal peut donner des tarifs de Paris au Havre qui soient au-dessous du fret sur la rivière et des frais sur le chemin de fer, vous ne disconviendrez pas encore que le canal obtiendra la préférence sur les deux autres voies de communication.

» Que si le canal peut amener le navire dans un port près Paris à plus bas prix que le chemin de fer, qui ne peut transporter les cargaisons sans les dépecer, le canal sera toujours préféré, parce qu'il y aura économie, et que la cargaison arrivera intacte et sans frais intermédiaires.

» La différence dans la célérité du transport des denrées coloniales, qui n'est dans un système que de douze heures et dans l'autre de trois jours, est trop légère pour que le commerce puisse hésiter entre ces deux moyens d'arrivage.

» A l'égard de la rivière, il y aurait égalité dans le prix du fret, que la rapidité de la navigation du canal le ferait préférer, parce que la différence est beaucoup plus grande ; elle s'établit en ce cas entre trois jours et la moyenne d'un mois ; mais le tarif du canal sera encore plus bas que le fret de la rivière.

» La compagnie du canal s'est livrée depuis la fin de 1830 à des études très-approfondies sur ses tarifs ; elle a recherché avec soin le prix auquel la navigation fluviale pouvait réduire son fret, sans être en perte, et la compagnie a reconnu qu'elle tiendrait facilement ses tarifs au-dessous de cette réduction ; dès lors la concur-

rence de la rivière a cessé d'être dangereuse pour le canal, et
encore moins celle du chemin de fer, qui ne peut transporter qu'à
des prix plus élevés que ceux de la rivière

» Les études de la compagnie ont porté plus loin ses convictions :
il a été démontré pour elle que des trois moyens de communication entre Paris et le Havre, le canal maritime, le chemin de fer
et la canalisation de la rivière, la seule de ces trois entreprises qui
pouvait se fonder avec ses produits, c'était le canal maritime. Cette
démonstration ne peut faire la matière d'une lettre, mais le rapprochement de quelques chiffres relevés de votre ouvrage suffira
pour vous rendre cette vérité palpable.

» Il est nécessaire avant tout de vous faire remarquer que nous
raisonnons dans la supposition du grand canal maritime, amenant
dans le port creusé dans la plaine de Génevilliers, tous les navires
entrant au Havre, même ceux de 500 tonneaux. La compagnie n'a
jamais abandonné cette première conception, même lorsqu'elle
bornait sa demande en concession au canal de Paris à Rouen,
pour les navires qui entrent dans ce port. Tous les travaux d'arts,
tels que barrages, écluses, ponts, etc., dans cette première partie du canal, devaient être fondés assez profondément pour conserver la facilité de creuser le canal et le rendre accessible aux navire de 500 tonneaux, lorsque la deuxième partie entre Rouen et
le Havre serait achevée.

» Ce n'est pas sans motifs que la compagnie divisait en deux
parties l'exécution de son entreprise : personne n'ignore les préventions qui se sont élevées contre les évaluations des ingénieurs
des ponts et-chaussées ; il est passé pour constant dans le public,
que ces évaluations sont toujours au moins de moitié au-dessous
du prix de l'exécution. La compagnie voulait prouver que, lorsque les études sont bien faites, les constructions sont toujours
exécutées au rabais sur le prix des évaluations.

» Avant de passer à la seconde partie du canal, qui présentait
de graves difficultés, la compagnie désirait que le public eût la
preuve dans l'exécution de la première, que les prix de construction n'avaient jamais dépassé ceux des évaluations. Ainsi, quoique

le canal fût alors divisé en deux parties, et que la compagnie commençât par la première, elle n'abandonnait pas la seconde ; de même aujourd'hui, quoique la compagnie persiste dans cette division, elle est bien résolue à exécuter le canal en entier de Paris au Havre : c'est ainsi que ses résolutions seront exprimées et ses engagemens pris. Il faut donc raisonner en ce moment dans l'hypothèse du grand canal maritime.

» Cette base simplifie la discussion entre nous ; il ne s'agit plus d'examiner les résultats d'un canal de Paris à Rouen, auquel la compagnie n'a jamais voulu s'arrêter, mais du grand canal de Paris au Havre, s'emparant de tous les transports par sa vitesse, sa régularité et ses économies, et amenant directement à Paris tous les navires qui voudront y venir, sans frais au Havre ni à Rouen et sans y entrer.

» Vous avez dit, messieurs, que l'insuffisance des produits ne permettant plus aujourd'hui l'exécution du canal maritime, il pourrait être remplacé, du moins en partie, par un chemin de fer, en y joignant la canalisation de la rivière, et que la préférence devait être donnée à ces deux voies de communication, parce qu'elles coûteraient beaucoup moins que le canal.

» Vous évaluez le chemin de fer de Paris au Havre, tel que vous pensez qu'il doit être construit, pour les services qu'il aurait à remplir, à...................... 45,000,000 »

» La canalisation de la rivière, à....... 18,000,000 »

» Plus, les améliorations dans la basse
Seine, de Rouen au Havre, à............ 5,000,000 »
_____
TOTAL........ 68,000,000 »

» Cette dépense est énorme pour des entreprises aussi restreintes et bornées chacune à des usages spéciaux.

» Vous convenez que ces trois entreprises ne peuvent être établies sur leurs produits et que leur construction est impraticable, si le gouvernement ne vient pas à leur aide, au moyen de primes ou de toute autre manière.

» Le gouvernement sera-t-il disposé à des sacrifices, si, des trois entreprises, la plus complète, celle du canal maritime, peut fonder son exécution sur ses propres moyens, et sans aucun secours de l'autorité?

» Quelles améliorations pensez-vous que l'on puisse obtenir avec cinq millions à l'embouchure de la Seine? Le conseil municipal de Rouen avait demandé dix millions. Comment se garantir des ravages sans cesse renaissans de cette éternelle barre qui détruit toutes les passes et déplace tous les bancs de sable? Il faut le dire, puisque c'est une vérité; il est reconnu aujourd'hui que rien de solide ne peut être établi dans le lit de la rivière à son embouchure. Un seul ouvrage d'art peut vaincre toutes les résistances et donner une navigation sûre et tranquille, c'est la digue depuis Tancarville jusqu'à Orcher. Cette digue seule peut assurer à Paris son port maritime; toute la difficulté est dans cette construction, et c'est sur elle que repose tout l'avenir du commerce français. Si quelque chose peut étonner maintenant, c'est qu'un ouvrage qui peut être achevé en trois ou quatre années et qui aura d'aussi immenses résultats, n'ait pas encore été entrepris.

» Vous passez ensuite, messieurs, à la comparaison de la dépense du chemin de fer et de la canalisation de la rivière, avec celle du canal maritime. Vous trouvez que le canal de Paris au Havre coûtera de plus que les deux autres entreprises 85 millions, c'est-à-dire à lui seul 153 millions. Cet excédant, qui est pour vous un motif de rejet du canal, doit être, suivant nous, la raison nécessaire de son admission.

» Pour que le canal maritime soit préféré, il ne faut lui trouver que 4,250,000 fr. de produits de plus qu'aux deux autres entreprises que vous proposez de lui substituer.

» Calculez les économies immenses que feront le grand et le petit cabotage et les navires de long cours, amenés directement à Paris, sans frais au Havre ni à Rouen, et vous verrez qu'en laissant une part considérable au commerce, le canal y trouvera l'occasion d'ajouter à ses produits plus de 8 millions. C'est cet avantage, qu'aucune entreprise ne peut avoir, qui décide la supériorité du canal maritime : c'est cet avantage qui lui donne le pouvoir de se suffire à lui seul et de se fonder sur ses produits.

» Quels seront les résultats de la canalisation de la rivière ? Vous lui imposez une nouvelle charge de plus d'un million par an pour un tirant d'eau de six pieds. Vous ne garantissez pas la navigation des grandes eaux et des inondations ; la rivière reste avec ses bateaux, sans avenir, sans développement pour le commerce.

» Mais vous portez toutes vos espérances sur le chemin de fer : il met Paris à quatre heures de Rouen et à neuf heures du Havre! et qu'importe ce rapprochement, cette rapidité? Paris n'est pas dans la position de Manchester ; le fabricant de Manchester va choisir ses matières premières à Liverpool, et y veiller l'expédition de ses produits; mais Paris n'est pas la fabrique du Havre. Il sera, au moyen du canal, le marché de l'Europe, le point de départ du transit le plus considérable de l'Europe, car il aura devant lui toute l'Allemagne. Il faudra, sur ce marché, que tous les jours, à toute heure, le vendeur soit à côté de l'acquéreur, en présence de la marchandise; ils n'iront pas l'un et l'autre au Havre pour s'y rencontrer.

» C'est un port qu'il faut fonder à Paris : cela est facile, l'art l'a reconnu; toutes les difficultés qu'il présentait ont été vaincues par sept années d'études. Les démonstrations des produits seront données avec la soumission ; il est avéré que le chemin de fer et la canalisation de la Seine ne peuvent se suffire; ils ne mettent Paris en rapport qu'avec le Havre. Le canal établit ses communications avec tous les ports du monde; le canal seul n'a besoin d'aucun secours, parce qu'il embrasse tout, qu'il reçoit tout et qu'aucune concurrence ne peut s'établir contre lui.

» Quelque mouvement que se donnent les intérêts particuliers, quelques obstacles qu'ils opposent à cette grande entreprise, elle aura lieu. Paris sera le centre d'une grande navigation maritime; la nature l'y a préparé; c'est à l'art et à l'industrie à terminer son ouvrage.

» Nous pouvons éprouver encore de grandes contrariétés, nous le savons ; mais notre patience prend de la force dans nos convictions que notre travail rend chaque jour plus entières et plus inébranlables.

» Signé : *Les Soumissionnaires du canal maritime.* »

Nous croyons que le motif principal qui nous a paru devoir faire préférer au canal maritime, la combinaison que nous avons présentée, savoir, un chemin de fer servi par machines locomotives, entre le Havre, Rouen et Paris, et des perfectionnemens dans la navigation de la Seine, n'a pas été compris par MM. les soumissionnaires, ou du moins, ils ne l'ont pas discuté. Ce motif qui conserve à nos yeux toute sa gravité, c'est que, par notre combinaison, on ASSOCIERAIT INTIMEMENT le Havre, Rouen et Paris, et que, par celle du canal maritime, on RUINERAIT le Havre au profit de Paris.

MM. les Soumissionnaires ne nous paraissent donc pas avoir tenu compte de cette objection, qui nous semble capitale, et si nous avons dit que, de 1825 à 1829, le canal maritime était la meilleure solution possible pour les communications de Paris avec le Havre et tous les ports du monde commerçant, c'est que, dans ces années, *on ne savait pas* les moyens d'associer le Havre à Paris, et que ces moyens sont aujourd'hui *connus.*

MM. les Soumissionnaires disent que le canal maritime prendrait *tous* les transports, et qu'il doit être préféré sous ce point de vue ; mais il ne transportera pas sans doute les voyageurs, et le chemin de fer les transporterait ; ce chemin transporterait aussi les marchandises de prix, tandis que les marchandises de bas prix viendraient par la Seine perfectionnée. Ainsi, hommes et marchandises, notre combinaison prendrait tout ; le canal maritime aurait seulement les marchandises. Il n'est donc pas exact de dire que, seul, il soit complet, et remarquons que ce qui reste *en dehors* des services qu'il rendrait, *le transport rapide des hommes,* est *précisément* ce qui constitue *la possibilité d'associer* le Havre à Paris.

Il ne s'agit pas, en effet, ainsi que paraît le croire la compagnie, de transporter des marchandises en 9 heures du Havre à Paris, mais des voyageurs. Les marchandises ne seraient pas transportées avec une vitesse de plus de 12 à 15,000 mètres à l'heure, et cela est plus que suffisant sans doute; mais les hommes le seraient avec une vitesse de 30 à 36,000 m., et c'est là ce qui constitue l'importance capitale du chemin de fer. C'est ainsi que le vendeur et l'acheteur pourraient se transporter au Havre, et y réaliser le soir une affaire entamée le matin à Paris. C'est ainsi surtout que les acheteurs de Paris ou de l'Allemagne iront trouver les vendeurs du Havre; que les capitalistes de Paris s'intéresseront dans les affaires du Havre, que Paris, en un mot, INTERVIENDRA dans le commerce du Havre, et s'y ASSOCIERA réellement.

Quant aux détails dans lesquels nous sommes entrés, la compagnie ne nous paraît pas non plus en avoir discuté la partie essentielle.

Nous avions dit : la différence du prix des sucres était, en 1825, entre Paris et le Havre de 150 à 170 fr.; elle est aujourd'hui de 115 à 120 fr. Il y a erreur, dit la compagnie; elle est de 130 fr. Nous l'admettons, et, nonobstant, il reste prouvé que cette différence est de 20 à 50 fr., inférieure à ce qu'elle était en 1825; il y a donc eu un changement grave dans les relations commerciales.

Nous avions dit : le fret était moyennement de 30 f. 20 c. en 1825, et le temps de la navigation était de deux mois; aujourd'hui le fret moyen est de 26 fr., et le temps de la navigation est de vingt jours. La compagnie donne quelques détails sur le fret, qui, dans le prix moyen, ne s'écartent pas des nôtres; mais elle ne s'explique pas sur le temps de la navigation. Ce n'est qu'un peu plus loin dans sa lettre que nous trouvons cette phrase. » La

» différence de navigation du canal et de la rivière s'établit entre
» trois jours et la *moyenne d'un mois*. » Or, d'après ses propres travaux, vérifiés et adoptés par une commission de négocians
éclairés, la moyenne de la navigation de la Seine, en 1825,
était, comme nous l'avons dit, *de deux mois;* elle est d'un mois
aujourd'hui, dit la compagnie; il y a donc eu aussi un changement grave dans la navigation de la Seine. Nous ferons remarquer d'ailleurs que l'entreprise de MM. Maillet-Duboullay et Cᵉ
transporte du Havre à Paris, avec engagement de rendre en
vingt jours au prix moyen de 26 fr.

« Enfin, dit la compagnie, calculez les économies immenses
» que feront le grand et le petit cabotage et les navires de long
» cours amenés directement et sans frais au Havre et à Rouen,
» et vous verrez qu'en laissant une part considérable au commerce,
» le canal y trouvera l'occasion d'ajouter à ses produits plus de
» huit millions. »

Mais ces calculs existent, et l'on n'en saurait aujourd'hui établir de plus détaillés que ceux qui furent faits sur cette matière
en 1825 et 1826; ces calculs sont consignés dans le grand ouvrage sur les *tarifs et produits du canal maritime de la Seine*,
et dans le *rapport de la commission des négocians*. Ils avaient
conduits à la proposition d'un droit appelé, *d'arrivage direct*,
afin de bien rappeler sur quelle nature d'économie faite au commerce il était perçu; le montant de ce droit était de 2,580,000 fr.,
et non pas de huit millions.

Quels faits nouveaux se sont produits depuis cette époque,
d'où l'on pourrait induire la proposition des tarifs si supérieurs
à ceux de 1825 et 1826.

L'entrepôt ne fait plus question, dit la compagnie, et les importations des denrées coloniales se sont accrues.

Mais les calculs des produits de 1825 et 1826 prenaient pour
base l'obtention de l'entrepôt, et l'accroissement d'importation des

matières exotiques; nous admettons donc avec la compagnie que ces deux faits ne sont pas de ceux qui peuvent nuire au canal; mais ils ne sont pas de ceux qui changent rien aux tarifs de 1826. L'économie ou les avantages qu'ils produisent étaient calculés.

D'autres faits nouveaux se sont produits, et nous avons vu que la compagnie les admettait; c'est une diminution considérable (plus de 50 %) dans le temps de la navigation entre le Havre et Paris; c'est un abaissement très-important des dépenses faites pour la vente et l'envoi des marchandises; 20 à 50 fr., par exemple, sont économisés par 1000 kil. de sucre.

Voilà des faits qui peuvent notablement influer sur des tarifs, mais ce ne peut pas être pour les augmenter. Une partie de l'économie que l'on espérait du canal maritime s'est produite pendant les sept années employées à l'étude de cette entreprise. Les tarifs doivent donc être diminués, et par conséquent les produits; cette conclusion nous paraît incontestable.

Des liens intimes subsistent entre deux de nous et la compagnie du canal maritime. Obligés, par la nature de notre ouvrage, de discuter la valeur de cette entreprise, nous ne nous sommes déterminés à faire connaître notre opinion sur ce sujet, qu'après les plus mûres réflexions.

Il nous a été pénible de la donner; il nous est plus pénible encore d'y persister, car nous connaissons la persévérance et la bonne foi de cette compagnie.

En nous déterminant à nous former en association pour donner notre opinion sur toutes les grandes entreprises proposées, nous ne nous sommes pas dissimulé que souvent nous aurions un devoir sévère à remplir. Cette considération ne nous a pas arrêté; nous persévérerons.

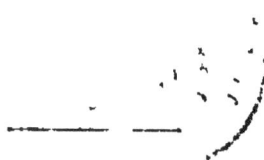

ERRATA.

Page 27   3ᵉ ligne, au lieu de : au besoin, *lisez :* aux besoins

31   12ᵉ ligne, au lieu de : 3 à 4 °/₀, *lisez :* 6 à 7 °/₀.

36   10ᵉ ligne, au lieu de : pour l'accroissement, *lisez :* par l'accroissement.

39   30ᵉ ligne, au lieu de : tous les autres, *lisez :* toutes les autres.

41   19ᵉ ligne, au lieu de : Bridegwater, *lisez :* Bridgewater,

71   3ᵉ ligne, au lieu de : lui en remette, *lisez :* leur en remette.

79   10ᵉ ligne, au lieu de : que par ceux, *lisez :* que sur ceux.

Id. 15ᵉ ligne, au lieu de : des chemins de fer, *lisez :* du chemin de fer.

82   1ʳᵉ ligne, après ces mots : pour qu'il pût être parcouru dans son entier par des machines locomotives, *ajoutez :* sauf le souterrain de Liverpool, servi par une machine fixe.

85   25ᵉ ligne, au lieu de : 0f,04, *lisez .* 0f,045.

94   3ᵉ ligne, au lieu de : la Drôme, *lisez :* la Dronne.

Id.   4ᵉ ligne, au lieu de : l'Ile, *lisez :* l'Isle.

101   4ᵉ ligne, au lieu de : les matières, *lisez :* ces matières.

108   20ᵉ ligne, au lieu de : cinq canaux, *lisez :* six canaux.

115   24ᵉ ligne, au lieu de : destinés, *lisez :* employés.

117   27ᵉ ligne, au lieu de : les bassins, *lisez :* le bassin.

118   18ᵉ ligne, au lieu de : approvisionne, *lisez :* approvisionnement.

122   23° ligne au lieu de : (1), *lises :* (3).

158   12° ligne, au lieu de : l'état géologique, *lises :* l'examen géo-
       logique.

162   23° ligne, au lieu de : le Loir, *lises :* la Loire.

Id.   *Id.* ligne, après ces mots : par le canal latéral, *ajoutes :* à ce
       fleuve.

Id.   21° ligne, au lieu de : la partie de la Seine à la Loire, *lises :*
       la partie de ce canal, joignant la Seine à la Loire.

187   3° ligne, au lieu de : avec 123,000, *lises :* aux 123,000.

Id.   5° ligne, au lieu de : avec 8,000, *lises :* aux 8,000.

Id.   15° ligne, au lieu de : pruduit, *lises :* produit.

189   29° ligne, au lieu de : Arles, *lises :* Avignon.

234   8° ligne, au lieu de : Beauvais, *lises :* Beaucaire.

235   6° ligne, au lieu de : 700,000,000, *lises :* 70,000,000.

246   5° ligne, au lieu de inférieurs, *lises :* inférieure.

273   19° ligne, au lieu de : taxe de la rente, *lises :* taux de la rente.

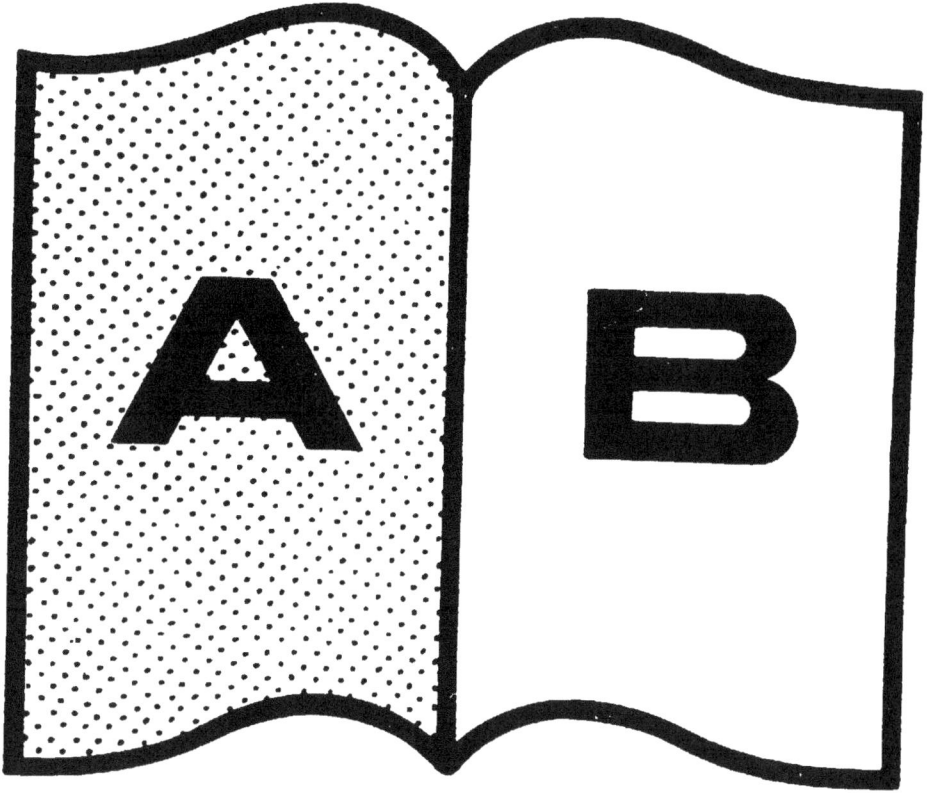

Contraste insuffisant

NF Z 43-120-14